ステップ アップ
大学の分析化学

齋藤勝裕・藤原 学 共著

LET'S STEP UP !

裳華房

Step Up !
Analytical Chemistry for College Students

by

Katsuhiro Saito   Dr. Sci.
Manabu Fujiwara   Dr. Eng.

SHOKABO
TOKYO

刊 行 趣 旨

　「ステップアップ」を書名に冠した化学の教科書を刊行する。「ステップアップ」とは，目標を立てて階段を一段ずつ着実に登り，一階あがるごとに実力を点検し，次の目標を立てて次の階段に臨み，最後には目的の最上階に達するというものである。その意味で本書はJABEE（日本技術者教育認定制度）の精神に沿った教科書ということができよう。

　本書はおおむね序章＋13章の全14章構成となっている。それは多くの大学の2単位分の講義が，14回の講義と15回目の試験から構成されていることを考えてのことである。

　講義開始のとき，学生は講義名を知っていても，その内容までは詳しく知らないことが多い。これは1回ごとの講義においても同様である。そこで本書では，最初に「序章」を置き，その本全体の概要を示すことにした。序章を読むことで学生は講義全体のアウトラインを掴むことができ，その後の勉強の方針を立てることができよう。また各章の最初には「本章で学ぶこと」を置き，その章の目標を具体的に示した。そして各章の終わりには「この章で学んだこと」を置き，講義内容を具体的に再確認できるようにした。

　本文の適当な箇所に「発展学習」を置いたことも本書の特徴の一つである。発展学習について図書館などで調べ，あるいは学友とディスカッションすることによって，実力と共に化学への興味が増すものと期待している。

　そして各章の最後には演習問題を置き，実力の涵養を図った。各章を終えたときにはその章の内容をほぼ完璧な形で身につけることができるものと確信する。

　このように，常に目標を立てて各ステップに臨み，一段階を達成した後には反省と点検を行い，その成果を土台として次のステップに臨むという学習態度は，まさしくJABEEの精神に一致するものと考える。

　本書は記述内容とその難易度に細心の注意を払った。すなわち，いたずらに高度な内容を満載して学生を消化不良に陥らせることのないよう配慮した。また，必要な内容をわかりやすく，丁寧に説明することを最優先とした。文字離れ，劇画慣れが進んでいる現代の学生に合わせ，説明文は簡潔丁寧を旨とし，同時に親切でわかりやすい説明図を多用した。本書を利用する読者が化学に興味を持ち，毎回の講義を待ち望むようになってくれることを願うものである。

　　　　　　　　　　　　　　　　　　　　　　　　　齋藤　勝裕・藤原　学

まえがき

　本書は分析化学を扱っており，「ステップアップ」の趣旨に沿った書籍の一環をなしている。本書は，理学部，工学部だけでなく，医学部，歯学部，薬学部，教育学部，あるいは家政や食品系学部の教科書として最適である。

　「分析化学」とは，化学全般の基礎を担うものである。ここで基礎とは，理論と実験双方の基礎であるという意味を含んでいる。

　化学は物質を扱う学問であり，物質は多くの分子，原子から構成されている。これらの物質を扱うためには，まずその物質がどのような分子からできており，さらにその分子はどのような原子からできているか明らかにしなければならない。このように，物質を構成する原子あるいは元素の種類と数（割合）を明らかにする操作自体を（元素）分析ということがある。しかし，一般に分析化学というときには，それよりもはるかに多くの領域が含まれている。

　本書は第Ⅰ部「基礎編」，第Ⅱ部「基本的分析」，第Ⅲ部「化学分析」，第Ⅳ部「機器分析と分離操作」からなる。

- 第Ⅰ部は，分析化学全体を支える基礎的な概念と理論を扱っている。
- 第Ⅱ部は，酸・塩基の概念とそれを用いた分析法，ならびに金属陽イオンの沈殿分析を扱っており，分析の基本にあたる。
- 第Ⅲ部は，酸化・還元，錯体生成，電気化学分析を扱っており，化学反応を用いた分析の主要な部分である。
- 第Ⅳ部は，スペクトル法を用いた分析と物質分離の方法論について述べている。

　本書はやさしくわかりやすいことを第一とし，文章は簡潔をこころがけた。さらに，丁寧でわかりやすい説明図を多用した。学生は豊富な説明図を眺め，簡潔な説明文を読むことによって，化学の基礎，そして分析化学の基本事項について感覚的な意味でも理解を増すものと確信する。それは，今後さらに専門的な化学を履修するにあたって有効な助けとなるであろう。

　本書を利用してくださった読者の皆さんが化学の面白さを発見し，より一層化学に興味を持ってくださったら著者として望外の喜びである。最後に本書刊行に並々ならぬ努力を払ってくださった裳華房の小島敏照氏に感謝申し上げる。

2008 年 9 月

著 者 一 同

目　次

● 序章　はじめに ●

- 0・1　分析の基礎 ········· 1
  - 0・1・1　溶解と濃度 ········· 1
  - 0・1・2　酸と塩基 ········· 2
  - 0・1・3　酸化と還元 ········· 3
- 0・2　容量分析と体積 ········· 3
  - 0・2・1　標準溶液 ········· 3
  - 0・2・2　滴定 ········· 4
- 0・3　定性分析と沈殿反応 ········· 4
  - 0・3・1　定性分析と定量分析 ········· 4
  - 0・3・2　沈殿反応 ········· 5
- 0・4　機器分析とスペクトル ········· 6
  - 0・4・1　光と分子 ········· 6
  - 0・4・2　スペクトル ········· 6
- 0・5　物質分離 ········· 8
  - 0・5・1　抽出 ········· 8
  - 0・5・2　再結晶 ········· 9
  - 0・5・3　蒸留 ········· 9
- 演習問題 ········· 10

● 第Ⅰ部　基礎編 ●

● 第1章　溶解と濃度 ●

- 1・1　溶質と溶媒 ········· 11
  - 1・1・1　液体と溶液 ········· 11
  - 1・1・2　溶質と溶媒 ········· 12
  - 1・1・3　似たものは似たものを溶かす ········· 12
- 1・2　濃度の種類 ········· 13
  - 1・2・1　質量パーセント濃度 ········· 13
  - 1・2・2　モル濃度 ········· 13
  - 1・2・3　質量モル濃度 ········· 13
  - 1・2・4　モル分率 ········· 13
- 1・3　溶媒和と水和 ········· 15
  - 1・3・1　溶媒和 ········· 15
  - 1・3・2　溶媒和の結合 ········· 15
  - 1・3・3　溶解のエネルギー ········· 16
- 1・4　溶解度と沈殿析出 ········· 16
  - 1・4・1　溶解度 ········· 16
  - 1・4・2　結晶析出 ········· 17
  - 1・4・3　溶解度積 ········· 18
- 1・5　気体の溶解 ········· 18
  - 1・5・1　気体の溶解度 ········· 18
  - 1・5・2　ヘンリーの法則－質量と体積 ········· 19
  - 1・5・3　ヘンリーの法則－体積と圧力 ········· 19
- 演習問題 ········· 20

● 第2章　平衡反応 ●

- 2・1　可逆反応と化学平衡 ········· 21
  - 2・1・1　可逆反応 ········· 21
  - 2・1・2　平衡定数 ········· 22
- 2・2　平衡定数の求め方 ········· 23
  - 2・2・1　平衡定数の求め方 ········· 23
  - 2・2・2　平衡定数に影響を及ぼす因子 ········· 24
- 2・3　平衡の移動（ルシャトリエの原理） ········· 24
  - 2・3・1　平衡の移動 ········· 24
  - 2・3・2　平衡移動の原理 ········· 25
  - 2・3・3　反応の最適条件 ········· 25
- 2・4　電解質とイオン，イオン強度 ········· 26
  - 2・4・1　電解質 ········· 26
  - 2・4・2　イオン強度 ········· 26

2・4・3　活量と活量係数 …………… 27　　演習問題 ………………………………… 30

第Ⅱ部　基本的分析

第3章　酸・塩基

3・1　酸・塩基の定義 ……………………… 31
 3・1・1　アレニウスの定義 …………… 31
 3・1・2　ブレンステッド-ローリーの定義
  …………………………………………… 32
 3・1・3　共役酸・塩基 ………………… 32
3・2　HSAB則 ……………………………… 33
 3・2・1　ルイスの定義 ………………… 33
 3・2・2　HSAB則 ……………………… 34
3・3　酸塩基解離定数 ……………………… 34
 3・3・1　強酸・強塩基 ………………… 34
 3・3・2　水のイオン積 ………………… 35
 3・3・3　酸解離定数 …………………… 35
 3・3・4　塩基解離定数 ………………… 36
3・4　酸性・塩基性 ………………………… 36
 3・4・1　水素イオン指数 ……………… 36
 3・4・2　酸性・塩基性 ………………… 36
 3・4・3　水平化効果 …………………… 37
演習問題 ……………………………………… 39

第4章　酸・塩基の容量分析

4・1　中和反応 ……………………………… 40
 4・1・1　中和 …………………………… 40
 4・1・2　酸・塩基の価数 ……………… 41
 4・1・3　塩の種類 ……………………… 41
 4・1・4　塩の性質 ……………………… 42
4・2　容量分析 ……………………………… 42
 4・2・1　容量分析 ……………………… 42
 4・2・2　滴定 …………………………… 42
 4・2・3　反応の終点 …………………… 43
4・3　中和滴定 ……………………………… 43
 4・3・1　濃度変化 ……………………… 44
 4・3・2　pH変化 ………………………… 45
4・4　指示薬 ………………………………… 45
 4・4・1　指示薬 ………………………… 46
 4・4・2　当量点とpH …………………… 46
 4・4・3　当量点と指示薬 ……………… 46
演習問題 ……………………………………… 48

第5章　定性分析

5・1　定性反応 ……………………………… 49
 5・1・1　沈殿法 ………………………… 49
 5・1・2　操作 …………………………… 50
 5・1・3　金属イオンの分類 …………… 50
5・2　第1,2属の反応 ……………………… 51
 5・2・1　第1属の反応 ………………… 51
 5・2・2　第2属の反応 ………………… 52
5・3　第3,4属の反応 ……………………… 52
 5・3・1　第3属の反応 ………………… 52
 5・3・2　第4属の反応 ………………… 53
5・4　第5,6属の反応 ……………………… 53
 5・4・1　第5属の反応 ………………… 53
 5・4・2　第6属の反応 ………………… 54
演習問題 ……………………………………… 54

第Ⅲ部　化学分析

第6章　重量分析

- 6・1　重量分析の原理 …… 55
  - 6・1・1　重量分析 …… 55
  - 6・1・2　沈殿法 …… 56
- 6・2　溶解平衡と溶解度積 …… 57
  - 6・2・1　溶解平衡 …… 57
  - 6・2・2　モル溶解度 …… 57
  - 6・2・3　共通イオン効果 …… 58
- 6・3　沈殿の生成と精製・重量測定 …… 58
  - 6・3・1　沈殿の生成機構 …… 59
  - 6・3・2　沈殿の熟成 …… 61
  - 6・3・3　沈殿のろ過 …… 61
- 6・4　沈殿滴定法 …… 61
  - 6・4・1　モール法 …… 61
  - 6・4・2　フォルハルト法 …… 62
- 演習問題 …… 63

第7章　酸化還元分析

- 7・1　酸化還元反応 …… 64
  - 7・1・1　酸化・還元 …… 64
  - 7・1・2　酸化数 …… 65
- 7・2　酸化数と酸化・還元 …… 66
  - 7・2・1　酸化数と酸化・還元 …… 66
  - 7・2・2　酸化剤・還元剤 …… 66
- 7・3　イオン化と電池 …… 67
  - 7・3・1　イオン化傾向 …… 67
  - 7・3・2　電池 …… 68
- 7・4　起電力 …… 69
  - 7・4・1　半電池 …… 69
  - 7・4・2　標準電極電位 …… 69
  - 7・4・3　ネルンストの式 …… 70
- 7・5　酸化還元滴定 …… 70
  - 7・5・1　酸化還元反応 …… 70
  - 7・5・2　滴定 …… 70
- 演習問題 …… 72

第8章　錯体生成分析

- 8・1　錯体の種類と構造 …… 73
  - 8・1・1　配位子と金属錯体 …… 73
  - 8・1・2　HSAB則とアービング–ウィリアムス系列 …… 74
  - 8・1・3　錯体の構造 …… 75
- 8・2　錯体生成平衡と安定度定数 …… 75
  - 8・2・1　逐次平衡反応と全平衡反応 …… 76
  - 8・2・2　全平衡定数の応用 …… 76
  - 8・2・3　条件生成定数 …… 76
- 8・3　キレート効果 …… 77
  - 8・3・1　単座配位子と多座配位子 …… 77
  - 8・3・2　キレート効果 …… 78
  - 8・3・3　錯体生成反応の速度 …… 79
- 8・4　EDTAと関連化合物，金属指示薬 …… 79
  - 8・4・1　EDTA …… 79
  - 8・4・2　EDTA関連化合物 …… 80
  - 8・4・3　金属指示薬 …… 81
- 8・5　キレート滴定法 …… 82
  - 8・5・1　キレート滴定法 …… 82
  - 8・5・2　カルシウムおよびマグネシウムの定量 …… 82
  - 8・5・3　その他の滴定法 …… 83
- 演習問題 …… 84

第9章 電気化学分析

9・1 電位差分析……………………… 85
   9・1・1 濃度と電池 ……………… 85
   9・1・2 濃度と電位差 …………… 86
9・2 電位差滴定……………………… 87
   9・2・1 当量と電位差 …………… 87
   9・2・2 中和滴定の例 …………… 87
   9・2・3 pHメーター …………… 88
9・3 ポーラログラフィー…………… 88
   9・3・1 電位と電流 ……………… 89
   9・3・2 ポーラログラフィー …… 89
   9・3・3 解析 ……………………… 89
9・4 サイクリックボルタンメトリー… 90
   9・4・1 可逆反応と不可逆反応 … 90
   9・4・2 サイクリックボルタンメトリー
　　　　　　　　　　　　　　　… 90
   9・4・3 利用法 …………………… 91
演習問題 ………………………………… 92

第Ⅳ部　機器分析と分離操作

第10章 UVスペクトル・IRスペクトル

10・1 光と分子 …………………… 93
   10・1・1 光のエネルギー ……… 93
   10・1・2 原子・分子のエネルギー準位… 94
   10・1・3 光吸収とスペクトル … 94
10・2 原子吸光分析 ……………… 95
   10・2・1 原子吸光分析 ………… 96
   10・2・2 定量分析 ……………… 96
10・3 UVスペクトル …………… 97
   10・3・1 UVスペクトル ……… 97
   10・3・2 UVスペクトルと分子構造…… 97
   10・3・3 定量分析 ……………… 97
10・4 IRスペクトル …………… 98
   10・4・1 IRスペクトル ……… 99
   10・4・2 IRスペクトルと分子構造…… 99
   10・4・3 定量分析 ……………… 100
   10・4・4 ラマンスペクトル …… 100
演習問題 ……………………………… 101

第11章 マススペクトル・NMRスペクトル

11・1 マススペクトルの基本 …… 102
   11・1・1 イオン化 ……………… 102
   11・1・2 測定 …………………… 103
   11・1・3 マススペクトル ……… 103
11・2 種々のマススペクトル …… 104
   11・2・1 高分解能マススペクトル … 104
   11・2・2 種々のイオン化を用いた
　　　　　　 スペクトル ………… 105
11・3 NMRスペクトル ………… 106
   11・3・1 NMRスペクトル …… 106
   11・3・2 NMRスペクトルの原理…… 106
   11・3・3 化学シフト …………… 107
11・4 NMRスペクトルの解析 … 108
   11・4・1 シグナルの形 ………… 108
   11・4・2 積分比 ………………… 109
   11・4・3 エタノールのNMRスペクトルの
　　　　　　 解析 ………………… 109
演習問題 ……………………………… 110

第12章 蒸留・抽出・再結晶

12・1 蒸留 ………………………… 111
   12・1・1 蒸留装置 ……………… 111

12・1・2 分留 …………………… 112
12・2 分留の理論 ……………………… 113
　12・2・1 分留の状態図 …………… 113
　12・2・2 共沸混合物 ……………… 114
12・3 溶媒抽出 ………………………… 115
　12・3・1 固体からの抽出 ………… 115
12・3・2 混合物の抽出 …………… 115
12・3・3 分液ロート ……………… 115
12・4 再結晶 …………………………… 116
12・5 昇華 ……………………………… 117
演習問題 ………………………………… 118

● 第13章　クロマトグラフィー ●

13・1 クロマトグラフィーの種類 …… 119
13・2 ペーパークロマトグラフィー … 120
13・3 カラムクロマトグラフィー …… 121
　13・3・1 吸着 ……………………… 121
　13・3・2 分離操作 ………………… 121
13・4 液体クロマトグラフィー ……… 122
13・5 ガスクロマトグラフィー ……… 123
　13・5・1 装置 ……………………… 124
　13・5・2 分離操作 ………………… 124
　13・5・3 分析結果 ………………… 124
13・6 GC-MS ………………………… 125
演習問題 ………………………………… 126

演習問題解答 …………………………………………… 127
索引 ………………………………………………………… 139
コラム　塩基とアルカリ (38)／緩衝液 (44)

序章

はじめに

● 本章で学ぶこと

　宇宙の全てのものは化学物質であり，原子からできている。地球の自然界に存在する原子はわずか91種類であり，したがって地球上の全ての物質は91種類の元素からできていることになる（側注参照）。

　分析化学とは簡単にいえば，化学物質がどのような原子からできており，その元素の比率はどれくらいであるかを調査する学問である。多くの物質は化合物の集合体であり，多数の化合物の混合物である。したがって，化合物の組成を明らかにするためには，混合物を分離して単一種類の化合物に分けなければならない。次に，その化合物の中にどのような元素が入っているかを決めなければならない。そして，その元素の重量比を決めなければならない。

　このような操作は全ての化学研究の基礎になっているものである。そのため，分析化学は化学の基礎といわれることがある。

　ここでは，分析化学の本論に入るための準備段階として，分析化学はどのようなことを研究するのかについて簡単に見ていこう。

 0・1 分析の基礎

　分析化学は物質を分離解析して研究する。そのためには全ての可能な手段を駆使する。そのような手段は，単なる機械的操作だけではなく，化学反応の知識に裏付けられた理論的なものが中心となる。

0・1・1 溶解と濃度

　分析操作の多くは溶液状態で行われる。**溶液**とは液体状の混合物であり，溶けるものを**溶質**，溶かすものを**溶媒**という。砂糖水なら砂糖が溶質であり，水が溶媒である（図0・1）。

　単位量の溶媒に溶けている溶質の量を**濃度**という。濃度にはいくつか

自然界にある元素に原子番号1番の水素Hから92番のウランUまであるが，43番のテクネチウムTcは半減期が短いので自然界には存在しない。したがって91種類となる。

"原子" は "物質" であるが，"元素" は原子の種類を表すものであり，"概念" である。

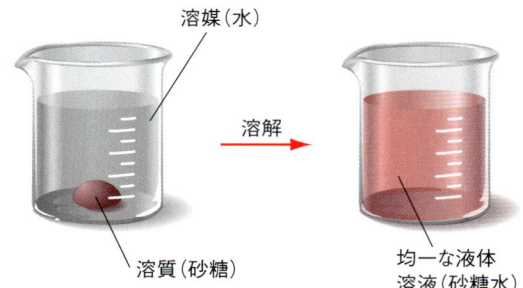

図0・1　溶媒・溶質・溶液

の種類があり，用途によって使い分けるので注意が必要である。

溶液中では溶質は1分子，あるいは1イオンずつバラバラになり，周りを溶媒分子で囲まれている。このような状態を**溶媒和**という。溶媒が水の場合には特に**水和**という（**図0・2**）。

詳しくは第1章で解説する。

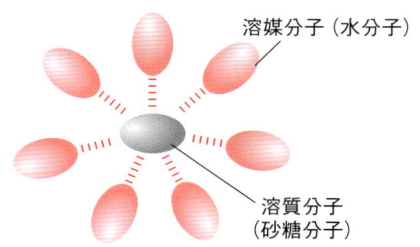

図0・2　溶媒和（水和）

詳しくは第3章で解説する。

0・1・2　酸と塩基

酸・塩基は化学の概念の中でも特に重要なものであり，分析化学でも大切な概念である。

酸・塩基は物質である。**酸**は一般に水素イオン H^+ を放出するものであり，**塩基**は H^+ を受け取るものである。したがって，H^+ を野球のボールにたとえるとピッチャーが酸であり，キャッチャーが塩基となる。

酸性・塩基性は溶液の性質であり，H^+ が OH^- より多い状態が**酸性**で，H^+ が少なく OH^- の多い状態が**塩基性**である。溶液が酸性か塩基性かを表す尺度に**水素イオン指数 pH**（ピーエッチ）がある。25℃のとき pH の数値が7ならば中性であり，7より小さければ酸性，大きければ塩基性である。

$$\text{酸：} H^+ \text{を出すもの} \qquad \text{塩基：} H^+ \text{を受けとるもの}$$
$$\underset{\text{酸}}{HA} \longrightarrow H^+ + A^- \qquad \underset{\text{塩基}}{B} + H^+ \longrightarrow BH^+$$

0・1・3 酸化と還元

化学物質は化学反応を行う。その化学反応の中でも特に大切なのが酸化還元反応である。酸化還元反応は酸素との反応で考えるとわかりやすい。すなわち，原子 A が酸素 O と反応して AO となったとき，A は**酸化**されたという。酸素と化合した BO が酸素を失ったとき，B は**還元**されたという。

酸化される：酸素と反応すること
A ＋ O ⟶ AO（A は酸化された）

還元される：酸素を放出すること
BO ⟶ B ＋ O（B は還元された）

詳しくは第 7 章で解説する。

反応については第 2 章で解説する。

0・2 容量分析と体積

分析化学で大切なことは，まず物質を構成する元素の種類と比率を決定することで，そのためには溶液の濃度を明らかにすることが必要である。分析化学ではそのための手段として容量分析という手法を用いる。

0・2・1 標準溶液

溶液の濃度とは，単位体積当たりの溶液に溶けている溶質の質量（重量）である。溶質の質量を知るためには，溶液から溶質を分離し，その質量を測るのが直接的な方法であろう。しかし，分離が困難なこともあ

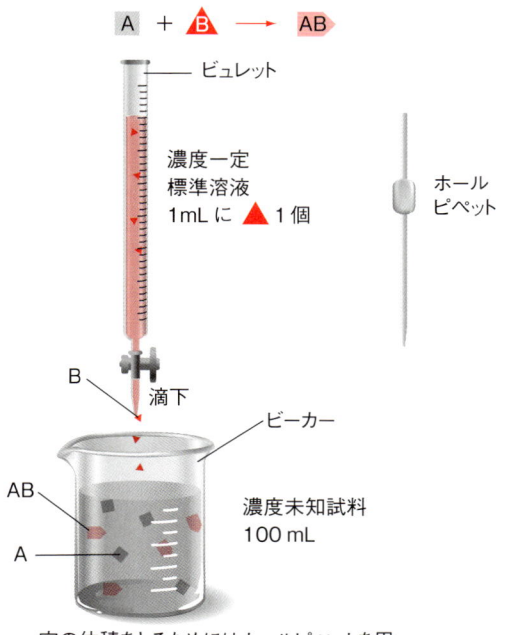

図 0・3　容量分析

一定の体積をとるためにはホールピペットを用い，滴下して滴下量を知るためにはビュレットを用いる。

るし，できたらもっと簡便な方法で濃度を決定したい．そのようなときに有効なのが**容量分析**である．

今，濃度未知の試料溶液に溶質 A が溶けていたとしよう．一方，化学物質 B があり，B は A と 1：1 に反応して新しい化学物質 AB となるとしよう．このようなとき，一定濃度の B の溶液を作り（これを**標準溶液**という），この標準溶液の体積（容量）を用いて試料溶液の濃度を測定するのが容量分析である（図 0・3）．

詳しくは第 4 章で解説する．

0・2・2 滴 定

容量分析は以下のように行う．簡単のため，B の標準溶液の濃度は溶液 100 mL 中に B が 100 個入っていたとしよう．

A の溶液 100 mL に B の溶液を少しずつ加えていったら（**滴定**）どうなるだろうか？ B は A と反応し，次々と消費されて AB となる．ところが標準溶液 50 mL を加えたところで B の消失は止まり，それ以上加えても B は反応せずにそのまま残ったとしよう．

これは次のことを意味する．すなわち，標準溶液 50 mL の中には B が 50 個存在し，それは全て A と反応して AB となった．しかし，51 個目の B は反応する A がなく，B のまま残ったということである．したがって，試料溶液 100 mL 中には A が 50 個だけ存在していたことになり，試料の濃度が明らかになったことになる．

容量分析ではこのように，試料溶液の濃度を標準溶液の体積（容量）を用いて決定する．分析化学の大切な手法である．

0・3　定性分析と沈殿反応

組成未知の試料溶液に特定の試薬を加え，その結果沈殿が生じるかどうかを見るだけで溶液中に含まれる金属イオンの種類を知ることができる．このような分析法を定性分析という．

詳しくは第 5 章で解説する．

0・3・1 定性分析と定量分析

分析の最終目標は試料中の元素の種類とその濃度の決定である．しかし，その両方を決定することが困難な場合，元素の種類を知ることだけで満足しなければならないこともある．

このように，原子の量は不問にして，種類だけを決定する分析法を**定性分析**という．それに対して容量分析のように，濃度を決定する分析法を**定量分析**という．

0・3・2 沈殿反応

詳しくは第6章で解説する。

金属イオンを含んだ透明溶液に，ある種の試薬を加えると液が不透明となり，放置すると容器の底に固体がたまることがある。このような固体を沈殿といい，沈殿を生じる反応を**沈殿反応**という。

どの金属がどの試薬と反応して沈殿するかはすでに知られており，沈殿を生じさせる試薬を沈殿試薬という。

例えば，銀イオン Ag^+ に塩化物イオン Cl^- を加えると塩化銀 $AgCl$ が白い沈殿となって生じる。これは，組成未知の溶液に塩化物イオンを加えることによって銀イオンの有無を知ることができることを意味する。すなわち，白い沈殿が生じたら Ag^+ が存在する可能性があり，生じなかったら Ag^+ は存在しないということである（図0・4）。

このように，特定の金属イオンを沈殿させる試薬を用いることによっ

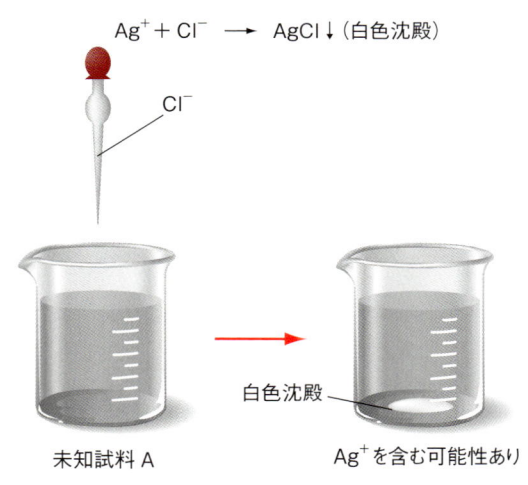

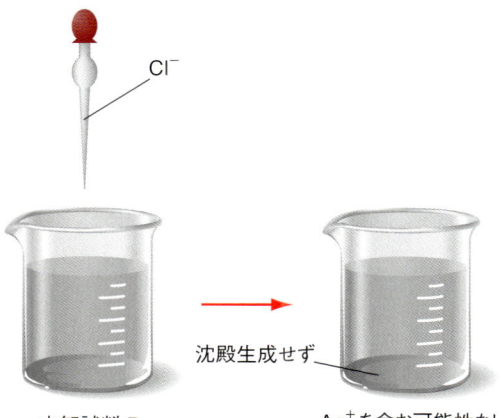

図0・4　塩化銀の沈殿反応

て特定の金属イオンの有無を知ることができる。しかし，金属イオンの量を知ることはできない。このような分析法を定性分析という。

0・4　機器分析とスペクトル

詳しくは第Ⅳ部で解説する。

化学反応でなく，物理的，電子的な機器を用いて行う分析法を**機器分析**という。溶液の濃度を測定したり，化合物の分子構造を決定するときに強力な武器になるものに各種のスペクトルがある。スペクトルは分子と光の相互作用を記録したものである。

0・4・1　光と分子

光は電磁波であり，波長 λ（ラムダ）と振動数 ν（ニュー）を持つ。そして振動数に比例した（波長に反比例した）エネルギー

プランクの定数：
Plank's constant

$$E = h\nu = h\frac{c}{\lambda} \quad (h \text{ はプランクの定数}, c \text{ は光の速度})$$

を持っている。

分子に光を照射すると，分子は光のエネルギーを受け取って高エネルギー状態になる。このとき分子が受け取るエネルギーはそれぞれの分子に固有であり，そのため，分子が吸収する光の波長も分子に固有のものとなる。したがって，分子が吸収する光の波長がわかれば，分子を特定することが可能となる。これがスペクトルの原理である。

0・4・2　スペクトル

スペクトルの基本は，分子に光を照射し吸収された光の波長と吸収の強度を記録したものである。スペクトルには多くの種類がある（**図 0・5**）。

A　紫外—可視吸収スペクトル（UV スペクトル）

紫外線と可視光線を用いたスペクトルであり，分子の電子状態を研究するのに用いる。各種スペクトルの基本となるスペクトルである。

B　赤外線吸収スペクトル（IR スペクトル）

赤外線を用いたスペクトルであり，分子の振動，回転運動に関する情報を与えてくれる。分子が持つ置換基の種類を同定するのに用いる。

C　質量スペクトル（マススペクトル；MS）

光を用いないスペクトルである。現在では全ての分子の分子量は質量スペクトルによって決定されるといっても過言ではない。

D　核磁気共鳴スペクトル（NMR スペクトル）

分子を強力な磁場中に置いて測定するスペクトルで，有機化合物の構

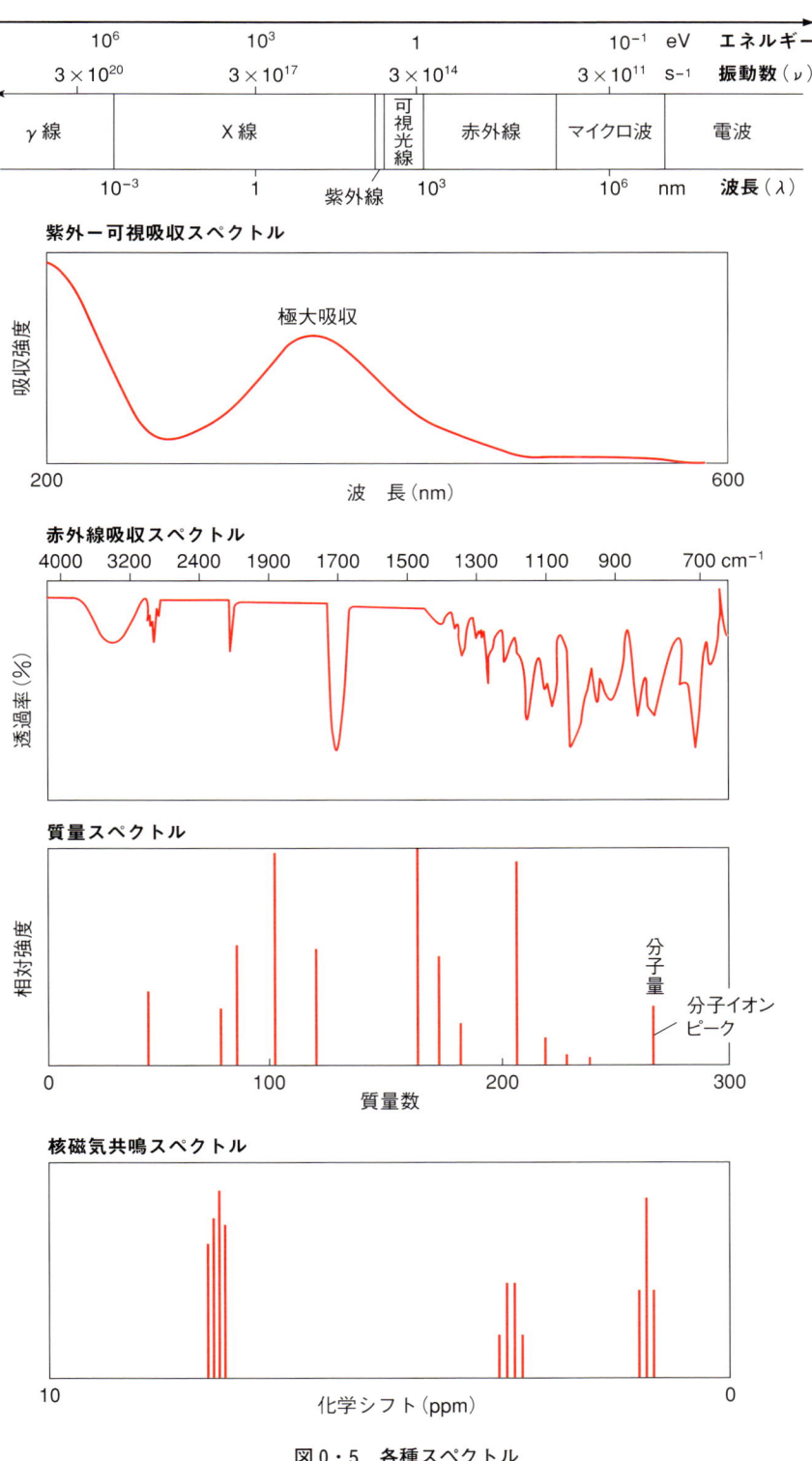

図0・5　各種スペクトル

造を決定するのに不可欠なスペクトルである。

詳しくは第 12, 13 章で解説する。

0・5 物質分離

　分析化学の実験では，混合物を分離して純粋な物質を取り出す分離操作が大切となる。分離操作には多くの種類があり（**図 0・6**），多くの場合，それらを適当に組み合わせて実際の分離を行うことになる。

0・5・1 抽 出

　植物中に含まれる成分を分析しようとする場合，植物から成分を取り出す必要がある。この場合，植物（木材など）を細かく粉砕し，それを適当な有機溶媒に浸しておく。すると，植物成分のうち，その溶媒に溶けるものだけが選択的に溶け出す。

　このように溶媒の溶解力を利用して分離する手法を**抽出**という。

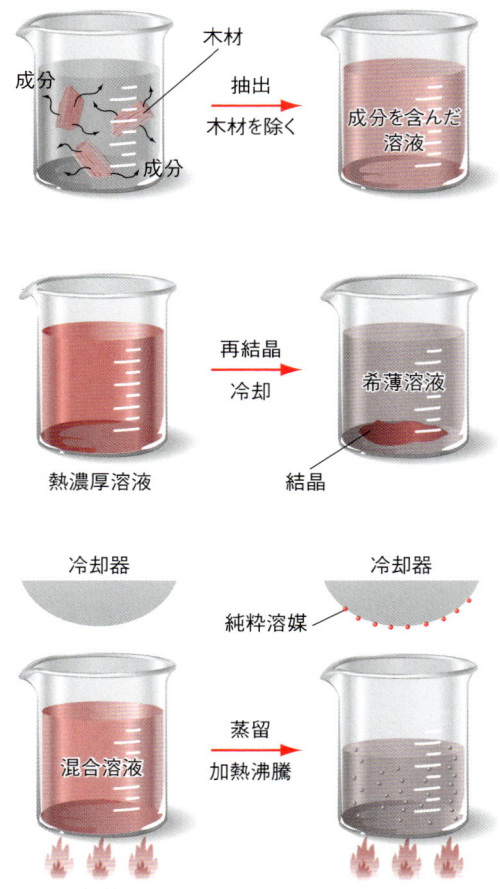

図 0・6　分離操作のいろいろ

0・5・2 再結晶

多くの溶質は熱い溶媒にはよく溶けるが，冷たい溶媒にはあまり溶けない。熱溶媒に可能な限り多くの溶質を溶かした溶液（飽和溶液）を作り，この溶液を冷却すると，溶けきれなくなった溶質が結晶となって析出する。これを**再結晶**という。

このように，何種類かの成分を含む混合溶液を冷却すると，結晶性の成分が結晶として析出する。このようにして，結晶性成分だけを分離することができる。

0・5・3 蒸 留

水を加熱すると沸騰して水蒸気になる。この水蒸気を冷却すると水になる。このように，液体成分を蒸発させてそれらの沸点の違いを利用して分離する手段を**蒸留**という。固体成分を含む混合溶液を蒸留すると，液体成分だけを分離することができる。

● この章で学んだ主なこと

- □1 分析化学の目的の一つは，物質を構成する原子の種類とその比を明らかにすることである。
- □2 溶液中では溶質分子は溶媒分子に囲まれて溶媒和している。
- □3 酸はH^+を出すものであり，塩基はH^+を受け取るものである。
- □4 中性は 25 ℃ で pH ＝ 7 であり，pH ＞ 7 は塩基性，pH ＜ 7 は酸性である。
- □5 酸化されるとは酸素と結合することであり，還元されるとは酸素を失うことである。
- □6 物質を構成する元素の種類と量を決定する分析法を定量分析という。
- □7 物質を構成する元素の種類は決定するが量は決定しない分析法を定性分析という。
- □8 濃度未知試料の濃度を，濃度既知の標準溶液の体積（容量）を用いて決定する分析法を容量分析という。
- □9 電子機器などを用いて物理的な手段で行う分析を機器分析という。
- □10 スペクトルは，光と分子の相互作用を記録したものである。
- □11 スペクトルを利用して分子の物性や構造を明らかにすることができる。
- □12 混合物を成分ごとに分離する手段には，抽出，再結晶，蒸留など，多くの種類がある。

●演習問題●

1 一般的には小麦粉を水に"溶かす"というが，化学的には小麦粉は水に"溶ける"とは言わない。それはなぜか。
2 食塩水では，溶媒，溶質はそれぞれ何か。
3 酸と塩基の違いを説明せよ。
4 酸性と塩基性の違いを説明せよ。
5 $pH = 1.0$，$pH = 7.5$ はそれぞれどのような状態か。
6 次の反応でA，Bはそれぞれ酸化されたのか，それとも還元されたのか。
$$AO + B \longrightarrow A + BO$$
7 定性分析と定量分析の違いを説明せよ。
8 光のエネルギーは波長に反比例することを示せ。
9 ジュースから水を分離したい。どのような手段を用いればよいか。

第Ⅰ部 基礎編
第1章

溶解と濃度

● 本章で学ぶこと

　分析化学で扱う試料は圧倒的に溶液が多い。というより，ほとんど全ての試料を溶液にしてから調べる。そのため，溶液の構成，性質を知ることは分析化学の最も基礎的でかつ最も大切なこととなる。

　溶液は液体であるが，混合物である。すなわちある物質Aが別な物質Bに溶けたものである。このとき，Aを溶質，Bを溶媒という。溶質は固体の場合も，液体，あるいは気体の場合もある。

　一般には簡単に"溶ける"というが，化学で"溶ける"という場合には厳密な定義がある。溶液中に物質Aがどれだけ溶けているかを表す指標を濃度という。しかし，何種類もの濃度が定義されており，それぞれ使い分けられている。

　本章ではこのようなことについて見ていこう。

1・1　溶質と溶媒

　溶液はある物質が別のある物質に溶けたものである。溶かすものを**溶媒**，溶かされるものを**溶質**という。

1・1・1　液体と溶液

　分子が位置を自由に移動し，位置も方向（配向）も規則性を失った状態を**液体**（液相）という。それに対して分子が位置と配向の規則性を保っている状態を**固体**（結晶）という。液体状態から，しだいに分子間の距離が大きくなり，分子が自由に飛び回っている状態が**気体**である（図1・1）。

　溶液は液体の一種であるが，複数種類の物質の混合物であるという特色がある。

固体　　　　　　　　　液体　　　　　　　　気体

図1・1　固体・液体・気体

1・1・2　溶質と溶媒

　溶液において溶けている物質を**溶質**，溶かしている物質を**溶媒**という（図1・2）。例えば砂糖水なら，砂糖（スクロース）が溶質であり，水が溶媒である。このように溶媒は多くの場合，液体である。しかし溶質にはいろいろな場合がある。

　砂糖水の溶質である砂糖は固体であるが，アルコール水溶液の場合なら液体であるアルコールが溶質である。また，魚が水中で生活できることからわかるとおり，普通の水には酸素が溶けている。この場合には気体である酸素が溶質となる。

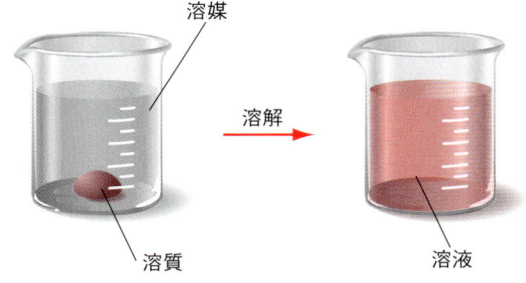

図1・2　溶媒・溶質・溶液

1・1・3　似たものは似たものを溶かす

　氷砂糖の結晶は水に溶けるが，水晶は溶けない。アルコールは水に溶けるが油は溶けない。このように物質は溶けるものもあるし，溶けないものもある。

　一般に溶解には「似たものは似たものを溶かす」という格言がある。砂糖（スクロース）の分子は多くのヒドロキシ基OHをもち，水 H_2O の構造と似ている。そのため水に溶けるが，水晶 SiO_2 にはそのようなことはないので水に溶けない。金は金属であるので，同じ金属である水銀には溶ける。

　どのような物質がどのような物質に溶けるかを**表1・1**にまとめた。

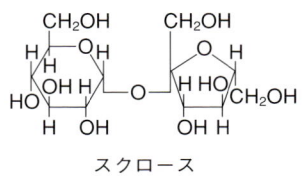

スクロース

表 1・1　溶けるもの，溶けないものの組み合わせ

種類		溶質		
		イオン性 NaCl 塩化ナトリウム	分子 ナフタレン	金属 Au 金
溶媒	イオン性 H₂O 水	○	×	×
	非イオン性 C₆H₁₄ ヘキサン	×	○	×
	金属 Hg 水銀	×	×	○

1・2　濃度の種類

溶液の単位量の中に存在する溶質の量を表す指標を**濃度**という。濃度には多くの種類がある（図 1・3）。

● 発展学習 ●
分子式，分子量，モル，アボガドロ数について調べよう。

1・2・1　質量パーセント濃度（単位：%）

溶液に含まれる溶質の質量をパーセント（%）で表した濃度を**質量パーセント濃度**という。

質量パーセント濃度（%）＝（溶質質量（g）/溶液質量（g））× 100

10 質量パーセント濃度の砂糖水 1 kg を作るには，砂糖 100 g を 900 g の水に溶かせばよい。

1・2・2　モル濃度（単位 mol/L）

溶液 1 L に含まれる溶質のモル数を**モル濃度**という。

モル濃度（mol/L）＝ 溶質モル数（mol）/溶液体積（L）

1 モル濃度の砂糖水 1 L を作ってみよう。砂糖の分子式は $C_{12}H_{22}O_{11}$ であり，分子量は 342 となる。したがって 1 L のメスフラスコに砂糖を 342 g 入れ，そこに水を加えて溶かして全量を 1 L とすればよい。

1・2・3　質量モル濃度（単位：mol/1000 g）

溶媒 1000 g に含まれる溶質のモル数（物質量）を**質量モル濃度**という。

質量モル濃度（mol/1000 g）＝ 溶質モル数（mol）/溶媒質量（1000 g）

1 質量モル濃度の砂糖水を作るには，砂糖 342 g（1 mol）をビーカーに入れ，そこに水 1000 g を加えて溶かせばよい。

1・2・4　モル分率（単位なし：無名数）

溶質の物質量を溶質の物質量と溶媒の物質量の和で割った値を**モル分**

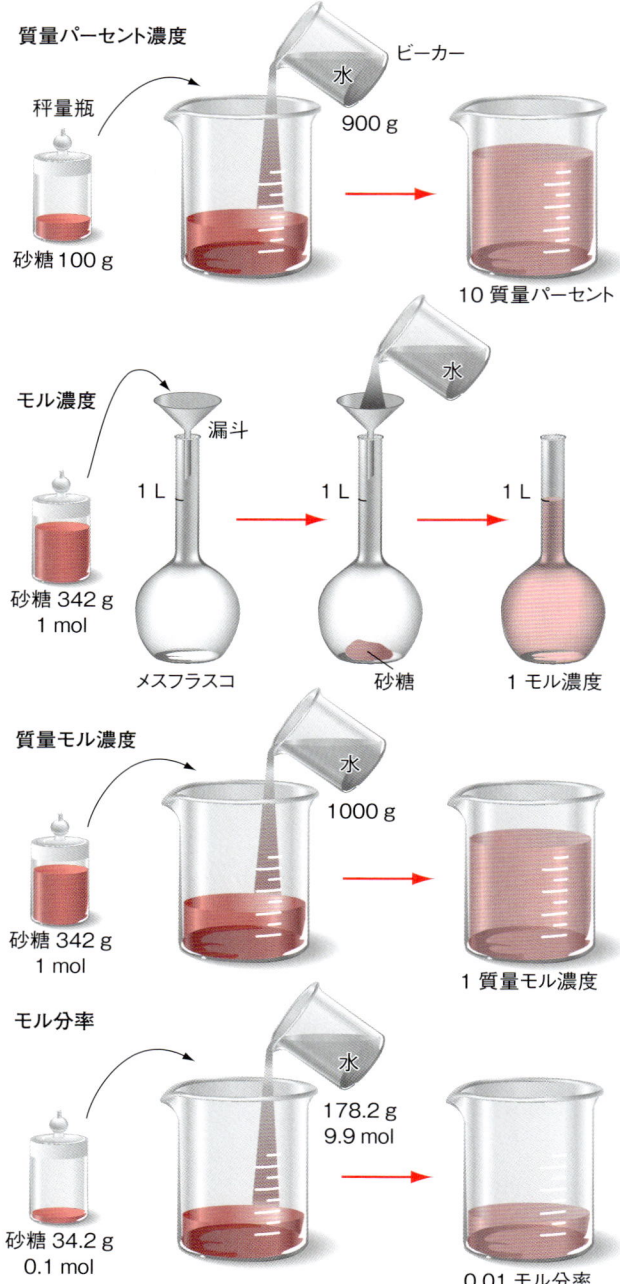

図1・3 濃度のいろいろ

率という。

モル分率 ＝ 溶質物質量/(溶質物質量 ＋ 溶媒物質量)

0.01モル分率の砂糖水を作るには，砂糖 0.1 モル (34.2 g) をビーカーに入れ，そこに 9.9 モル ($18 \times 9.9 = 178.2$ (g)) の水を加えて溶かせばよい。

1・3 溶媒和と水和

　一般には小麦粉を水に"溶かす"という。しかし化学的にいえば、小麦粉は水には溶けない。それでは、"溶ける"というのはどういうことを言うのだろうか。

1・3・1 溶媒和

　砂糖が水に溶ける様子を考えてみよう。砂糖はスクロース分子がたくさん集まった結晶である。これが水に入ると結晶がバラバラになる。これは結晶を作っている分子がバラバラに解けたことを意味する（図1・4）。それでは、これで溶けたということになるのだろうか？

　化学的に"溶けた"というためにはもう一段階が必要である。それは解けてバラバラになったスクロース分子が1個ずつになり、多くの水分子に周りを囲まれることである。この状態を**水和**といい、一般の溶媒では**溶媒和**という（図1・5A）。

1・3・2 溶媒和の結合

　溶媒和している溶質と溶媒の間に生じる引力は、分子間に働く引力であり、一般に**分子間力**といわれるものである。分子間力には**水素結合**や**ファンデルワールス力**がよく知られている。砂糖（スクロース）分子の水和の場合に働く引力は水素結合が主である（図1・5B）。

● 発展学習 ●
分子間力，水素結合，ファンデルワールス力について調べよう。

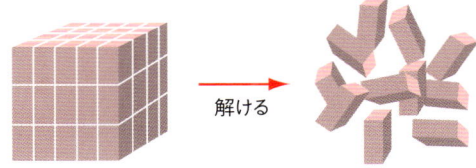

図1・4 "解ける"ということ

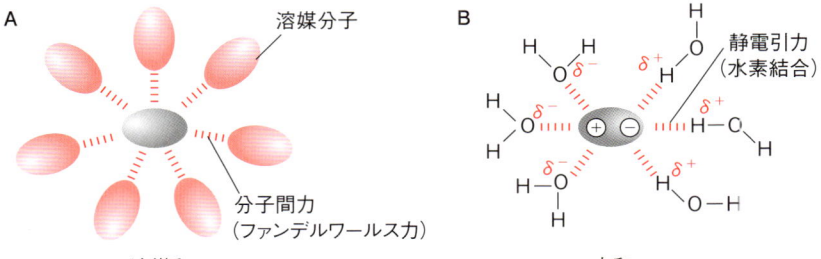

図1・5 溶媒和と水和　　　　溶媒和　　　　　　　　　　　　　　　水和

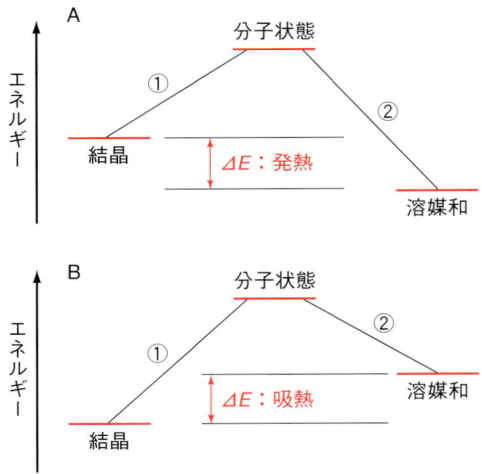

図 1・6 溶解のエネルギー

1・3・3 溶解のエネルギー

溶質が溶媒に溶けるときには熱の出入りを伴うことが多い。このような熱を**溶解熱**という。溶解熱がなぜ生じるのかを考えてみよう。

結晶は安定な状態である。

① したがって，結晶をバラバラにするには外からエネルギーを加える必要がある。このような過程を**吸熱過程**という。

② 一方，溶質は溶媒和されることによって安定化する。そのため，溶媒和されるときにはエネルギーを外界に放出する。このような過程を**発熱過程**という。

溶解の全過程が発熱になるか吸熱になるかは，①，② 二つの過程の兼ね合いになる。それは図 1・6 に示したとおりで，② のエネルギーが大きい場合には発熱（図 A）となり，① が大きい場合には吸熱（図 B）となるのである。

●発展学習●
熱，エネルギー，仕事の関係を調べよう。

1・4　溶解度と沈殿析出

コーヒーに砂糖を入れると最初は溶けるが，砂糖の量が多くなると溶けきれずにカップの底に残る。溶媒が溶かす溶質の量には限度がある。一定量の溶媒に溶けることのできる溶質の量を**溶解度**という。

1・4・1　溶　解　度

図 1・7 は溶解度の温度変化を表したものであり，溶解度曲線とも呼ばれる。縦軸は 100 g の水に溶けることのできる溶質の量であり，横軸は温度である。

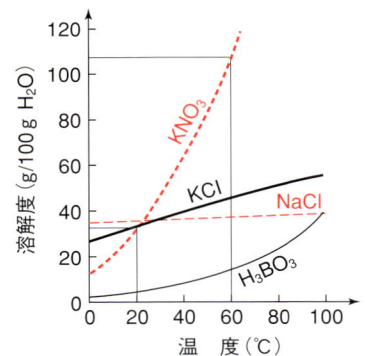

図1・7 さまざまな物質の溶解度の温度変化

硝酸カリウム KNO_3 の溶解度は温度と共に急激に上昇している。すなわち，溶液の温度を高くすると大量の KNO_3 が溶けることを意味する。しかし，塩化ナトリウム（食塩）$NaCl$ の溶解度は温度が高くなってもほとんど変化しない。

一般に固体の溶解度は温度が上がると大きくなるが，中には塩化ナトリウムのようにあまり変化しないものもある。

1・4・2 結晶析出

図1・7によれば，60℃の水（お湯）100 g にはおよそ 108 g の KNO_3 が溶けることができる。このように，溶解度の限度一杯まで溶質を溶かした溶液を**飽和（水）溶液**という。

今，この溶液を放冷して 20℃ にしたとしよう。溶液にはどのような変化が現れるだろうか。20℃ の水に溶けることのできる KNO_3 は 32 g ほどである。ところが溶液の中には 108 g の KNO_3 が存在する。この差はどうなるのだろうか。

この差の KNO_3，76 g はもはや溶液中に溶けていることができないので，溶液の外に出る。すなわち結晶として溶液の底に沈殿する（**図1・8**）。これを結晶が**析出**したという。

この現象を利用して結晶中に存在する不純物を除くことができる。そ

A，B の溶液は共に飽和溶液であるが，実際の濃度は A の方が濃い。図の溶液の色はそのことを表すものである．

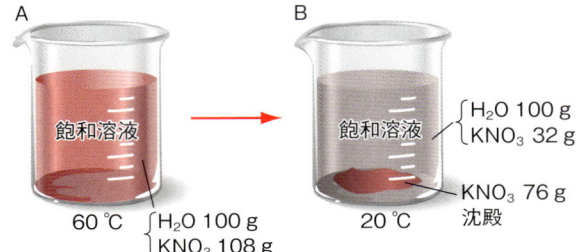

図1・8 結晶の析出
　　　　硝酸カリウムの沈殿

AB $\rightleftarrows$ A$^+$ + B$^-$
固体
K_{sp} = [A$^+$][B$^-$]
[A$^+$]，[B$^-$]はそれぞれ
A$^+$，B$^-$の濃度を示す。

1・4・3 溶解度積

電解質 AB は溶けると側注のように A$^+$ と B$^-$ に電離する。このとき A$^+$ と B$^-$ の濃度の積を**溶解度積** K_{sp} という。これは，A$^+$ と B$^-$ の濃度は溶解度積を越えて大きくなることはできないことを示すものである。

溶解度積は一般に温度が一定ならば常に一定である（表1・2）。

表1・2 AgCl と AgI の溶解度積

化学式	イオン積	温度（℃）	溶解度積
AgCl	[Ag$^+$][Cl$^-$]	4.7	0.21×10^{-10}
		25	1.56×10^{-10}
		100	21.5×10^{-10}
AgI	[Ag$^+$][I$^-$]	13	0.32×10^{-6}
		25	1.5×10^{-6}

1・5 気体の溶解

夏になると金魚鉢の中の金魚が水面に口を出してパクパクいうことがある。これは，水中の酸素が少なくなったので空気中の酸素を直接吸っているのである。すなわち，水中に溶ける酸素量は温度が上がると減少するのである。

1・5・1 気体の溶解度

図1・9は気体の溶解度の温度変化である。縦軸は1気圧の下1Lの水に溶けることのできる気体の体積であり，横軸は温度である。固体の溶解度とは反対に，溶液の温度が上がると気体の溶解度は下がることが

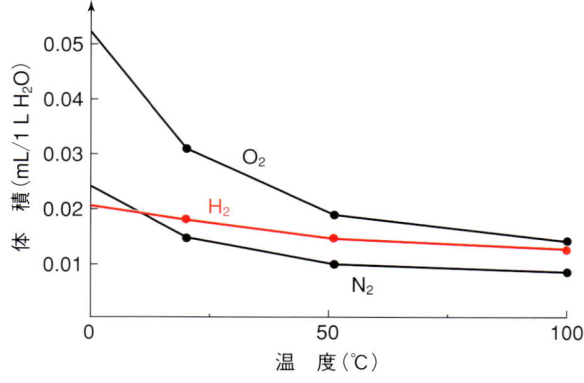

図1・9 気体の溶解度の温度変化

わかる。金魚鉢の現象はこのような傾向の現れなのである。

1・5・2 ヘンリーの法則－質量と体積

ヘンリーは気体の溶解度と気体の圧力の関係を研究し，次の法則を発見した。

気体の溶解度（質量）はその気体の圧力（分圧）に比例する。

これを**ヘンリーの法則**という。この関係をグラフにしたのが図 1・10 A である。

1・5・3 ヘンリーの法則－体積と圧力

ところで，気体の体積 V，圧力 P，温度 T の間には**状態方程式**と呼ばれる次の関係がある（図 1・11）。

$$PV = nRT \quad ただし，n：モル数，R：気体定数$$

この式によれば，気体の体積は圧力に反比例する。したがって，ヘンリーの法則といっしょにして考えると，もし圧力が 2 倍になれば溶ける気体の質量は 2 倍になるが，その体積ははじめの半分になり，結局変化しないことになる。したがって，ヘンリーの法則は次のようにいうこともできる。

気体の溶解度（体積）はその気体の圧力（分圧）に関係しない。

この関係を表したのが図 1・10 B である。

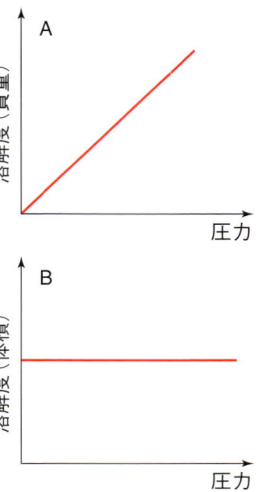

図 1・10　ヘンリーの法則

ヘンリーの法則：Henry's law

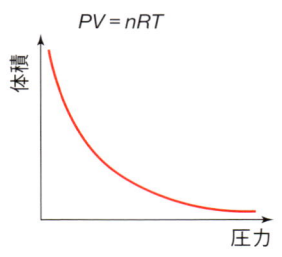

図 1・11　気体の状態方程式

● **この章で学んだ主なこと**

- □ 1　溶液は混合物の液体である。
- □ 2　似たものは似たものを溶かす。
- □ 3　溶液に含まれる溶質の量を表す指標を濃度という。
- □ 4　濃度にはモル濃度，モル分率など，いくつかの種類がある。
- □ 5　溶液中の溶質は溶媒に囲まれている。これを溶媒和という。
- □ 6　溶解には発熱的なものと吸熱的なものがある。
- □ 7　溶質が溶ける程度を表す指標を溶解度という。
- □ 8　溶液を冷却すると結晶が析出することがある。
- □ 9　気体の溶解度は温度が上がると低下する。
- □ 10　液体に溶ける気体の質量は圧力に比例する。

演習問題

1 次の溶液の溶媒と主な溶質を答えよ。
　　a) 食塩水　　b) 炭酸水　　c) 酒

2 次の物質のうち室温で溶媒になれないものがあれば答えよ。
　　a) アルコール　　b) 二酸化炭素　　c) 鉄

3 砂糖 34.2 g を用いて 1 モル濃度の砂糖水を作りたい。水をどれほど加えればよいか。

4 1 質量モル濃度の砂糖水の濃度を，質量パーセント濃度で答えよ。

5 結晶がバラバラになるエネルギーが 100 J/mol，溶媒和のエネルギーが 200 J/mol の溶液の溶解熱を求めよ。

6 塩化ナトリウムは水に溶けると Na^+ と Cl^- になる。Na^+ の水和の状態を図示せよ。

7 塩化ナトリウム水溶液から結晶を析出させるにはどうすればよいか。ただし，塩化ナトリウムの溶解度は温度に影響されないものとする。

8 ビン入り炭酸飲料の栓を開けると泡が出るのはなぜか。

9 気体 A は 1 気圧の下で 10 L の液体 B に 1 g，100 mL 溶けたとする。圧力を 2 倍にしたときに溶ける A の質量と体積を求めよ。

第Ⅰ部 基礎編
第2章

平衡反応

● 本章で学ぶこと

　化学反応の多くは，正反応と逆反応が同時に起きている可逆反応である．可逆反応には化学平衡の関係があり，それを平衡反応と呼んでいる．平衡反応には，水の解離，弱酸および弱塩基の解離などの酸塩基解離平衡，難溶性塩の溶解（沈殿）平衡，金属錯体の生成に関する錯体生成平衡，酸化還元平衡，溶媒抽出平衡，イオン交換平衡など多くの種類がある．平衡反応の反応物と生成物の間にはある関係が成立しており，この関係を利用して平衡反応に関係するそれぞれの化学種の濃度を計算することができる．

　化学平衡は，化学にとって最も重要な項目の一つであり，これから化学反応についてさらに深く考えるためには，化学平衡の考え方を十分理解しておく必要がある．

　本章では，化学平衡の基本について学んでいこう．

2・1　可逆反応と化学平衡

　化学反応の多くは，正（右）方向だけでなく逆（左）方向にも進む**可逆反応**であり，見かけ上あるところでその反応は止まる．この反応が止まっている状態を平衡状態という．

アンモニア生成における正反応　　$N_2 + 3H_2 \xrightarrow{\text{正反応}} 2NH_3$

アンモニア生成における逆反応　　$N_2 + 3H_2 \xleftarrow{\text{逆反応}} 2NH_3$

アンモニア生成における平衡反応　$N_2 + 3H_2 \rightleftharpoons 2NH_3$

2・1・1　可逆反応

　例えば，1 mol の窒素ガスと 3 mol の水素ガスを反応させても，すべてが反応することはないため 2 mol のアンモニアを得ることはできな

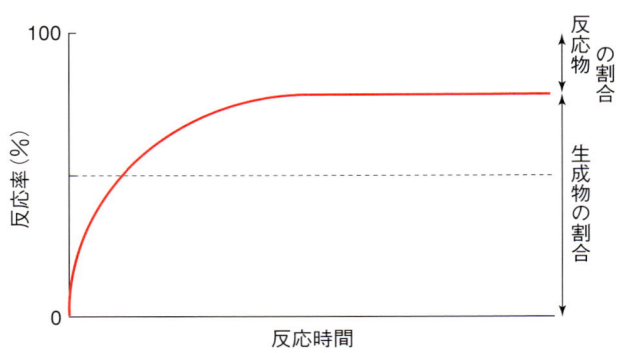

図 2・1　反応率の時間変化

い。それは，生成物であるアンモニアが反応物である窒素と水素に戻る逆反応が起こるからである。また，酢酸とエタノールからエステルである酢酸エチルを合成する反応の場合も，正反応が 100 % 進行することなく，必ず逆反応が起こって系内に反応物が残る（**図 2・1**）。可逆反応が起こるとき，正反応と逆反応が同じ速さで進行し，見かけ上反応が進まない状態になる。このとき，反応が平衡状態に達したといい，この反応は**平衡反応**であるという。平衡反応には，水の解離，弱酸および弱塩基の解離などの酸塩基解離平衡，難溶性塩の溶解（沈殿）平衡，金属錯体の生成に関する錯体生成平衡などのほかに，酸化還元平衡，溶媒抽出平衡，イオン交換平衡など多くの種類がある。化学平衡の概念は，容量分析法（中和滴定，酸化還元滴定，キレート滴定など）・重量分析法・溶媒抽出法だけでなく，機器分析であるクロマトグラフィーにも応用されており，分析化学の基本的な概念であると共に，化学にとっても最も重要な項目の一つである。

2・1・2　平衡定数

平衡反応では，反応物の濃度と生成物の濃度にある関係が存在する。その関係を示したものが，**平衡定数**（K）である。

一般的な化学平衡反応（式 2・1）と平衡定数（式 2・2）

$$A + B \rightleftharpoons C + D \quad (式 2・1) \qquad K = \frac{[C][D]}{[A][B]} \quad (式 2・2)$$

化学平衡反応に係数がつく場合の平衡定数（式 2・3）

$$2A \rightleftharpoons B + C \qquad K = \frac{[B][C]}{[A]^2} \quad (式 2・3)$$

一般的な平衡反応（式 2・1）に対する平衡定数は，式 2・2 のように表す。平衡定数は，生成物の各成分の濃度の積を反応物の各成分の濃度の積で割った式となる。また，化学平衡の成分に係数がついている場合（式 2・3）においては，反応物側の 2A を（A + A）であると考えれば，

平衡定数のその成分に関する濃度に乗数がかかることはすぐにわかる。

$$\text{アンモニア生成における平衡定数} \quad K = \frac{P_{NH_3}^2}{P_{N_2} \cdot P_{H_2}^3}$$

P_{N_2}, P_{H_2}, P_{NH_3} は，それぞれの成分の分圧を表す。

ここで，気体反応の平衡では分圧（Pa または atm）が，溶液内平衡ではモル濃度（mol/L, mol dm^{-3}, M）が一般的に用いられている。ただし，溶液内平衡については，これはイオン間の相互作用がないと考えることのできる非常に薄い溶液で成立する近似であって，物理化学的には正確ではない。後で述べるように，正しくはモル濃度ではなく活量（a；活動度ともいう）で表す。

2・2 平衡定数の求め方

前節で示したように平衡反応の平衡定数は，生成物のそれぞれの化学種（分子やイオン）の濃度の積を反応物のそれぞれの化学種の濃度の積で割った商の形で表す。このような形となるのは，正反応と逆反応の反応速度式から考えるとよく理解できる。

2・2・1 平衡定数の求め方

平衡反応（式2・4）の正反応の**反応速度** $v_正$ は，式2・5のように表すことができる。化学反応は化学種同士が衝突することで起こる。簡単にいうと，ここでの衝突回数はそれぞれの化学種の濃度に比例するので，反応速度はそれぞれの化学種の濃度の積に比例することになる。ここで，反応速度定数を $k_正$ とおいている。平衡反応の逆反応の反応速度 $v_逆$ も同様で，反応速度定数を $k_逆$ とすると式2・6となる。平衡状態とは正反応と逆反応の反応速度が等しい（$v_正 = v_逆$）ことであるので，それぞれの反応速度式の右辺を等号でつなぐと式2・7となる。それぞれの反応速度定数は，反応条件が決まれば一定であるのでその比（$k_正/k_逆$）も一定となる。これを，反応物の濃度と生成物の濃度にある関係を示す平衡定数（K）とすることができる。

●発展学習●
反応速度の測定法を調べてみよう。

$$\text{平衡反応} \quad A + B \rightleftharpoons C + D \quad \text{（式2・4）}$$

$$v_正 = k_正 [A][B] \quad \text{（式2・5）}$$

$$v_逆 = k_逆 [C][D] \quad \text{（式2・6）}$$

$$k_正 [A][B] = k_逆 [C][D] \quad \text{（式2・7）}$$

$$K = \frac{k_正}{k_逆} = \frac{[C][D]}{[A][B]}$$

2・2・2 平衡定数に影響を及ぼす因子

平衡定数と反応速度式との関係より，反応速度定数を変化させる条件が，また平衡定数をも変化させることがわかる。平衡定数に影響を及ぼす因子として，温度・溶媒・イオン強度などがある。分析化学において溶媒は主に水であり，希薄溶液を対象とする場合が多いので，平衡定数に影響を及ぼす因子で最も重要なのは温度である。

平衡定数が小さい平衡反応は反応物側に平衡が傾いており，反応物の割合が高くなる。このような平衡には，**酸塩基解離平衡**や**溶解平衡**などがある。一方，平衡定数が大きい平衡反応は生成物側に平衡が傾いており，生成物の割合が高くなる。このような平衡には錯体生成平衡などがある。

なお，溶媒である水は平衡反応の前後で濃度が変化しないと考えられるため，平衡定数から除かれることが多い。弱塩基であるアンモニアの塩基解離平衡を例としてあげる。また，固体物質（溶解平衡における難溶性塩の沈殿など）の場合も溶液系の外にあるので，[固体物質] = 1 として平衡定数から除かれる。難溶性塩である硫酸バリウムの溶解平衡を例としてあげる。

$$NH_3 + H_2O \rightleftarrows NH_4^+ + OH^-$$

$$K = \frac{[NH_4^+][OH^-]}{[NH_3][H_2O]} \qquad K_b = \frac{[NH_4^+][OH^-]}{[NH_3]}$$

⇩
溶媒としての水は除く　　　下つきのbはbase（塩基）を意味している

$$BaSO_4(s) \rightleftarrows Ba^{2+} + SO_4^{2-}$$

ここで，(s) は固体（沈殿）を表す

$$K = \frac{[Ba^{2+}][SO_4^{2-}]}{[BaSO_4(s)]} \qquad K_{sp} = [Ba^{2+}][SO_4^{2-}]$$

⇩
固体は系外にあり，1と考える　　　下つきのspはsolubility product（溶解度積）を意味している

2・3 平衡の移動（ルシャトリエの原理）

化学平衡にある反応系の圧力や温度，さらに化学平衡に関係している化学種の濃度を変化させると，新しい化学平衡状態に移動する。

2・3・1 平衡の移動

酢酸とエタノールからエステルである酢酸エチルを合成する場合，正反応が 100 % 進行しないことは，すでに述べた。実際のエステル化反応においては，正反応をできるだけ進めるために，反応物の一成分である

エタノールを大過剰用いたり，また生成物の一成分である水を反応系より除くことなどを行って，反応率の向上を図っている（余ったエタノールは回収して再び用いる）。ここには，**平衡移動の原理**が関係している。

2・3・2 平衡移動の原理

平衡移動の原理は化学平衡に関する経験則で，ルシャトリエにより1884年に発表された。平衡状態に達している系の条件を変化させると，加えられた条件変化を和らげる方向に平衡が移動して新しい平衡状態になる。例えば，弱酸溶液に強酸が加えられると，弱酸の解離が抑えられる（参考「弱酸と強酸の混合溶液」）。また，系の温度を変化させるとその温度変化を妨げる方向に平衡が移動する。正反応が吸熱反応である場合は，温度を上げると平衡は正反応が進行する方向（右）に移動し，温度を下げると平衡は逆反応が進行する方向（左）に移動する。正反応が発熱反応である場合も同様に考えることができ，平衡の移動の向きは吸熱反応の場合とちょうど逆になる。水の解離の平衡定数である水のイオン積は，温度が上がるにつれて大きな値となる。このことより，逆に水の解離反応が吸熱反応であることがわかる。

ルシャトリエ：
Le Chatlier, H.

2・3・3 反応の最適条件

気体同士の反応においては，化学平衡式の反応物側（左辺）と生成物側（右辺）のそれぞれの係数の和を比較することによって，圧力を変化させた場合の平衡移動の方向を決定できる。そこでは，圧力を高くすると係数の和が小さい方に平衡が傾き，圧力を低くすると係数の和が大きい方に平衡が傾く。反応物側と生成物側のそれぞれの係数の和が等しい場合には，平衡は圧力の影響を受けないと予想することができる。これらのことより，化学平衡にある反応をできるだけ進行させるための最適条件を見出すことができ，工業的な製法においても利用されている。ただし，低温では反応速度が非常に遅くなる場合には，化学平衡的には不利であっても触媒を用いて高温で反応させる条件が選択されている。

参考　弱酸と強酸の混合溶液（図2・2）

弱酸として酢酸，強酸として塩酸を考える。

$$\begin{cases} CH_3COOH \rightleftarrows H^+ + CH_3COO^- \\ HCl \longrightarrow H^+ + Cl^- \text{（完全解離）} \end{cases}$$

$$K_a = \frac{[H^+][CH_3COO^-]}{[CH_3COOH]}$$

下つきのaは酸（acid）を表す

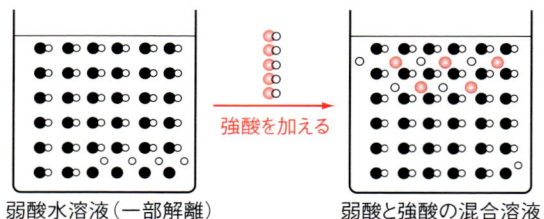

弱酸水溶液（一部解離）　　　弱酸と強酸の混合溶液
弱酸：●●　弱酸イオン：●　水素イオン：○　強酸：●●　　図 2・2　弱酸と強酸の混合溶液

　塩酸の添加により，混合溶液中の水素イオン濃度 $[H^+]$ が増加する。酢酸の酸解離定数（K_a）の式を成立させるためには，$[CH_3COO^-]$ を減らし，$[CH_3COOH]$ を増やさなければならない。すなわち，塩酸（強酸）の添加により酢酸（弱酸）の解離平衡が左に傾き，酢酸の解離が抑制される。

2・4　電解質とイオン，イオン強度

　化学物質には，溶媒（主に水）に溶解して溶液となる際に，陽イオンと陰イオンに電離する**電解質**と，溶解しても電離しない**非電解質**がある。電解質が溶解するとき，溶解した化学物質のうち実際に電離している割合を**電離度**という。

2・4・1　電解質

● 発展学習 ●
強電解質と弱電解質の化学結合の違いを調べてみよう。

　電解質の中には，電離度がほぼ 1 でほとんど完全に電離する**強電解質**と，電離度が小さくほとんど電離しない**弱電解質**がある。強電解質には，塩酸・硝酸などの強酸，水酸化ナトリウム・水酸化カリウムなどの強塩基，塩化ナトリウム・硝酸カリウムなどの塩（えん）などがある。一般的な濃度範囲では，強電解質では化学平衡を考える必要がない。弱電解質には，酢酸・炭酸などの弱酸，アンモニア・ピリジンなどの弱塩基などがある。弱電解質では，一部しか解離していないために解離平衡を考える必要がある。非電解質には，エタノールやグルコースなどがある。

2・4・2　イオン強度

　濃度が異なる場合や電解質が混合した場合などについて，物理化学的にもう少し詳しく見ていこう。物理化学的平衡定数は，参考「自由エネルギーと熱化学的平衡定数」（p. 28）で詳しく述べるが，反応物側の各成分の活量の積と生成物側の各成分の活量（活動度）の積との商という形で表されている。ここで，各成分の活量は，それら自身の濃度と共に溶液の**イオン強度**（I）に依存している。イオン強度とは，総電解質濃度の

尺度であり，次式で定義される。

$$I = \frac{1}{2} \sum C_i Z_i^2$$

ここで，C_i はイオン i の濃度であり，Z_i はイオン i の電荷である。溶液中に存在するすべての陽イオンと陰イオンが計算に含まれる。溶液のイオン強度は，強電解質水溶液におけるイオン強度と活量係数に関する理論である**デバイ-ヒュッケル理論**から導かれている。

デバイ-ヒュッケル理論：
Debye-Hückel's theory

2・4・3 活量と活量係数

一般的な濃度範囲において強電解質は希薄水溶液中で完全に電離し，陽イオンと陰イオンに分かれる。しかしながら，濃度が高くなるにつれて陽イオンと陰イオンとの間に静電相互作用が生じることによって，その一部があたかも未解離のようにふるまう。そのため，イオン間の相互作用を考えない理想溶液からのずれが大きくなる。これにより，イオンがモル濃度 C で存在しても，その実際の作用（活量）は濃度 C よりもわずかに小さい a となる。これを**活量**（活動度）と呼んでおり，濃度 C との関係は次式で示される。

$$a = f \cdot C$$

ここで，f は**活量係数**である。すなわち活量係数は，溶液中のイオン間の引力を補正する係数であると考えられる。この係数は，溶液中のイオンの総数ならびにそれらの電荷によっても変化する。一般に単純な電解質の希薄溶液（10^{-4} M 以下）では，活量係数はほぼ 1 に等しい。あるイオン（i）についてデバイ-ヒュッケルの式

$$-\log f_i = \frac{A Z_i^2 \sqrt{I}}{1 + B \cdot \alpha \cdot \sqrt{I}}$$

（ここで A と B は定数で，25 ℃ の水溶液では A = 0.509 mol$^{-1/2}$ dm$^{3/2}$，B = 0.33×10^8 cm^{-1} mol$^{-1/2}$ dm$^{3/2}$ であり，α は水和イオンの径に相当するパラメータで多くのイオンでは $3 \sim 9 \times 10^{-8}$ cm である。）

からいろいろなイオン強度で計算によって代表的なイオンの活量係数が求められている（**表 2・1**）。単一イオンの活量係数は，実験的に測定できないので，平均活量係数で示される。電解質 $A_m B_n$ の平均活量係数は次式で示される。

$$f_\pm = \sqrt[m+n]{f_A^m \cdot f_B^n}$$

● 発展学習 ●
実際に活量係数を測定する方法を調べてみよう。

組成（すなわち平衡に関係する化学種の濃度および関係しない化学種の濃度）が変われば活量係数の値も変化するために，厳密にいえば平衡定数は組成の影響を受けることになる。ただし，希薄溶液では活量係数を

表2・1　代表的なイオン化合物溶液の平均活量係数（キーランドの表より抜粋）

イオン	イオン強度			
	0.001	0.01	0.05	0.1
H^+	0.975	0.933	0.88	0.86
Li^+	0.975	0.929	0.87	0.835
Rb^+, Cs^+, NH_4^+, Ag^+	0.975	0.924	0.85	0.80
K^+, Cl^-, Br^-, I^-, CN^-, NO_3^-	0.975	0.925	0.85	0.805
OH^-, F^-, HS^-, ClO_4^-	0.975	0.926	0.855	0.81
Na^+	0.975	0.928	0.86	0.82
Ca^{2+}, Cu^{2+}, Zn^{2+}, Mn^{2+}, Fe^{2+}	0.905	0.749	0.57	0.485
Al^{3+}, Fe^{3+}, Cr^{3+}	0.802	0.54	0.325	0.245

1に近似できるので，実質的には組成の影響をほとんど受けないとしてよいことになる。

参考　自由エネルギーと熱化学的平衡定数

溶液中における一般の反応系

$$aA + bB \rightleftharpoons cC + dD$$

において，1 mol 当たりの自由エネルギー変化は

$$\Delta F = (cF_C + dF_D) - (aF_A + bF_B)$$

と表される。

すべての反応成分は溶液中にあるので，その自由エネルギーの一般式である

$$F = F^0 + RT \ln a$$

（ここで，F^0 は標準状態での自由エネルギー）を適用すると

$$\Delta F = (cF_C^0 + cRT \ln a_C + dF_D^0 + dRT \ln a_D)$$
$$- (aF_A^0 + aRT \ln a_A + bF_B^0 + bRT \ln a_B)$$

これをまとめると

$$\Delta F = \boxed{cF_C^0 + dF_D^0 - aF_A^0 - bF_B^0} + RT \ln \frac{a_C^c \cdot a_D^d}{a_A^a \cdot a_B^b}$$

ここで，四角で囲った部分は各成分の標準状態における自由エネルギーであるので，それぞれの成分の濃度には無関係である。そこで，これらをまとめて

ΔF^0 とおくと自由エネルギー変化の式は次のようになる。

$$\Delta F = \Delta F^0 + RT \ln \frac{a_C{}^c \cdot a_D{}^d}{a_A{}^a \cdot a_B{}^b}$$

平衡状態では，$\Delta F = 0$ である（全系の自由エネルギーは極小になっている）ので，

$$-\Delta F^0 = RT \ln \frac{a_C{}^c \cdot a_D{}^d}{a_A{}^a \cdot a_B{}^b}$$

自然対数（ln）を開くと

$$e^{-\frac{\Delta F^0}{RT}} = \frac{a_C{}^c \cdot a_D{}^d}{a_A{}^a \cdot a_B{}^b} = K$$

ΔF^0 は，成分の濃度によっては変化せず，一定温度では平衡反応の種類によって決まった値となる。それぞれの活量（活動度：a）の商を K とおき，これを**物理化学的平衡定数**と呼んでいる。

ここで，活量とモル濃度の関係（2・4・3項参照）は

$$a_A = f_A[\mathrm{A}]$$

であるので，物理化学的平衡定数と濃度平衡定数（見かけの平衡定数）との関係は次のように書ける。

$$K = \underbrace{\frac{f_C{}^c \cdot f_D{}^d}{f_A{}^a \cdot f_B{}^b}}_{\substack{\text{希薄溶液では} \\ \text{1に近似できる}}} \cdot \underbrace{\frac{[\mathrm{C}]^c[\mathrm{D}]^d}{[\mathrm{A}]^a[\mathrm{B}]^b}}_{K(\text{濃度平衡定数})}$$

（物理化学的平衡定数）

これより，希薄溶液では濃度平衡定数（見かけの平衡定数）は物理化学的平衡定数と等しいとみなすことができる。

逆にいうと，化学平衡にかかわる物質の濃厚溶液や，化学平衡にかかわる物質の希薄溶液に他の電解質が多量に溶解した混合溶液の場合においては，活量係数を1に近似することができず，濃度平衡定数と物理化学的平衡定数のずれが大きくなり，もはやこれらを等しいとみなすことができなくなる。このような場合には，電解質溶液内での弱酸の解離の促進や難溶性塩のモル溶解度の増加（これは，異種イオン効果と呼ばれている）などが観測されている。

● **発展学習** ●
異種イオン効果について調べてみよう。

● **この章で学んだ主なこと**

□ 1 化学反応には，可逆反応がある。
□ 2 可逆反応は平衡反応であり，反応物と生成物間に量的な関係がある。
□ 3 平衡に達したとき，正反応と逆反応の反応速度は等しい。
□ 4 平衡反応には，反応物と生成物の量的関係を示した平衡定数がある。

この定義によれば塩酸 HCl は酸であり，水酸化ナトリウム NaOH は塩基である．二酸化炭素 CO_2 は水に溶けて炭酸 H_2CO_3 となり，H^+ を出すので酸である．また，アンモニア NH_3 は水に溶けて OH^- を出すので塩基である．

アレニウスの定義

酸：水に溶けて H^+ を出す

$$HCl \rightleftarrows H^+ + Cl^-$$
塩酸

$$CO_2 + H_2O \rightleftarrows H_2CO_3 \rightleftarrows H^+ + HCO_3^-$$
二酸化炭素　　　　炭酸

HCO_3^- は
$HCO_3^- \rightleftarrows H^+ + CO_3^{2-}$
と H^+ を出すので酸である．

塩基：水に溶けて OH^- を出す

$$NaOH \rightleftarrows Na^+ + OH^-$$
水酸化ナトリウム

$$NH_3 + H_2O \rightleftarrows NH_4OH \rightleftarrows NH_4^+ + OH^-$$
アンモニア　　水酸化アンモニウム　アンモニウムイオン

3・1・2　ブレンステッド–ローリーの定義

デンマークの化学者ブレンステッドとイギリスの化学者ローリーによって 1923 年に提出された定義である．酸，塩基の両方を H^+ だけで定義するのが特色である．

ブレンステッド：
　Brønsted, J.
ローリー：Lowry, T.

酸は H^+ を出すものであり，塩基は H^+ を受け取るものである．

この定義によれば HCl は H^+ を出すから酸である．それに対して，アンモニアは H^+ を受け取ってアンモニウムイオン NH_4^+ になるので塩基である．

ブレンステッド–ローリーの定義

酸：H^+ を出す

$$HCl \rightleftarrows H^+ + Cl^-$$

塩基：H^+ を受けとる

$$NH_3 + H^+ \rightleftarrows NH_4^+$$

3・1・3　共役酸・塩基

塩酸の反応を見てみよう．反応が左から右に進むときには HCl は H^+ を出しているので酸である．反応式を右から左に見たらどうだろうか．Cl^- は H^+ を受け取って HCl になっている．これは Cl^- が塩基であることを示しているものである．

このような関係にあるとき，Cl^- は酸 HCl の**共役塩基**であるという。同様に HCl は塩基 Cl^- の**共役酸**ということになる。

$$HCl \rightleftarrows H^+ + Cl^-$$

Cl^- の共役酸　　　　　　　HCl の共役塩基

共役関係

3・2　HSAB 則

酸・塩基の定義の三番目は，アメリカの化学者ルイスが 1916 年に提出したものである。そしてそれに関連して出たのが酸，塩基を硬いものと軟らかいものに分類する HSAB 則である。

ルイス：Lewis, G.

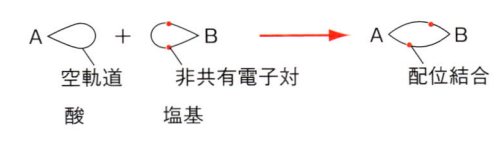

3・2・1　ルイスの定義

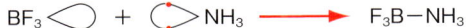

ルイスの定義（**図 3・1**）は，一般に用いられる酸・塩基の定義というよりは，無機化学の反応に関連した定義と見ることができる。ルイスの定義は次のようなものである。

酸は非共有電子対を受け取るものであり，塩基はそれを供給するものである。

非共有電子対とは 1 個の軌道に 2 個の電子が入ったものであり，アンモニアや水など多くの分子が持っている。その非共有電子対を受け取るためには電子の入っていない空軌道が必要であることから，酸は空軌道を持っているものということになる。

非共有電子対と空軌道の反応はまさしく配位結合の生成であり，錯体の生成である。このようなことから，ルイスの定義は無機化学でよく用いられる定義となっている。

この定義に当てはまる典型的な塩基はアンモニアであり，酸はホウ素化合物である。

酸：非共有電子対を受け取るもの（空軌道を持つもの）
塩基：非共有電子対を出すもの（非共有電子対を持つもの）

A　　+　　B　　→　　A　B
空軌道　　非共有電子対　　　　配位結合
酸　　　　塩基

BF_3　　+　　NH_3　　→　　F_3B-NH_3

図 3・1　ルイスの定義

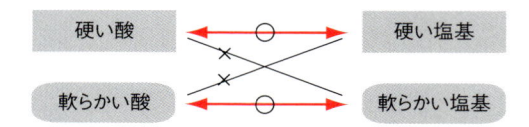

○：反応しやすい ×：反応しにくい

	酸	塩基
硬 い	H^+, BF_3, Mg^{2+}, Ca^{2+}	F^-, $R-NH_2$, H_2O
軟らかい	Cu^+, Cu^{2+}, BH_3	I^-, R_2S, CN^-

図 3・2 HSAB 則とそのイメージ

3・2・2 HSAB 則

ルイスの定義による酸と塩基は全て互いに反応するが，実は反応しやすい組としにくい組がある。

調べてみると，酸，塩基それぞれを硬いもの (Hard, H) と軟らかいもの (Soft, S) とに分類すると，H−H, S−S の組み合わせはよく反応するが，H−S, S−H の組み合わせはよく反応しないことがわかった。これを **HSAB (Hard and Soft Acid and Base) 則**という。

軟らかいものとは厚い電子雲に囲まれたものであり，硬いものとは電子雲が薄いものというイメージである（図 3・2）。

第 2 章を参照。

3・3 酸塩基解離定数

酸は H^+ を出すものであるが，酸の中には H^+ を出しやすいものと，出しにくいものがある。その程度を測る指標を酸解離定数 K_a という。塩基に関しても同様であり，その指標を塩基解離定数 K_b という。

3・3・1 強酸・強塩基

塩酸 HCl や硝酸 HNO_3 は H^+ を出しやすい。このような酸を**強酸**という。それに対して酢酸 CH_3CO_2H や炭酸 H_2CO_3 は H^+ を出しにくいので**弱酸**という。

同様に水酸化ナトリウム NaOH は OH^- を出しやすいので**強塩基**であり，水酸化アンモニウム NH_4OH は OH^- を出しにくいので**弱塩基**という（アンモニア NH_3 は H^+ を受け取る力が弱いので弱塩基という）。

3・3・2 水のイオン積

酸・塩基の性質を考える前に水の性質を見ておこう。水は反応式 3・1 に見るようにわずかだが解離している。このとき式 3・1 のように H_3O^+ と OH^- の濃度の積を**水のイオン積** K_W と呼ぶ。K_W は温度が一定ならば一定であり，25 ℃ で $10^{-14}\,(\mathrm{mol/L})^2$ である。

$$2\,H_2O \rightleftharpoons H_3O^+ + OH^- \quad (H_2O \rightleftharpoons H^+ + OH^-) \quad \text{反応式 3・1}$$

$$[H_3O^+][OH^-] = K_W = 10^{-14}\,(\mathrm{mol/L})^2 \quad (式 3・1)$$

$$([H^+][OH^-])$$

> 濃度の単位 (第 1 章参照) は mol/L である。水のイオン積の単位は (濃度) × (濃度) であるから (mol/L) × (mol/L) となり，$(\mathrm{mol/L})^2$ となる。

3・3・3 酸解離定数

酸が H^+ を出す程度を定量的に表す指標に**酸解離定数** K_a がある (2・2・2 項参照)。

反応式 3・2 で表される酸の解離に対する平衡定数 K は，溶媒である水を入れて定義すると式 3・2 になる。このとき，K_a を式 3・3 によって定義する。K_a が大きければ強酸であり，小さければ弱酸である。

K_a の値は一般に非常に小さく，10 のマイナス何乗になる。そこで K_a の対数にマイナスをつけた $-\log K_a$ を定義し (式 3・4)，これを pK_a (ピーケーエー) と呼ぶ。このようにすると，pK_a の小さいものほど強い酸であり，pK_a の値が 1 違うと酸の強さは 10 倍違うことになる (図 3・3)。

$$HA + H_2O \rightleftharpoons H_3O^+ + A^- \quad \text{反応式 3・2}$$

$$K = \frac{[H_3O^+][A^-]}{[HA][H_2O]} \quad (式 3・2)$$

$$K_a = K[H_2O] = \frac{[H_3O^+][A^-]}{[HA]} \quad (式 3・3)$$

$$pK_a = -\log[K_a] \quad (式 3・4)$$

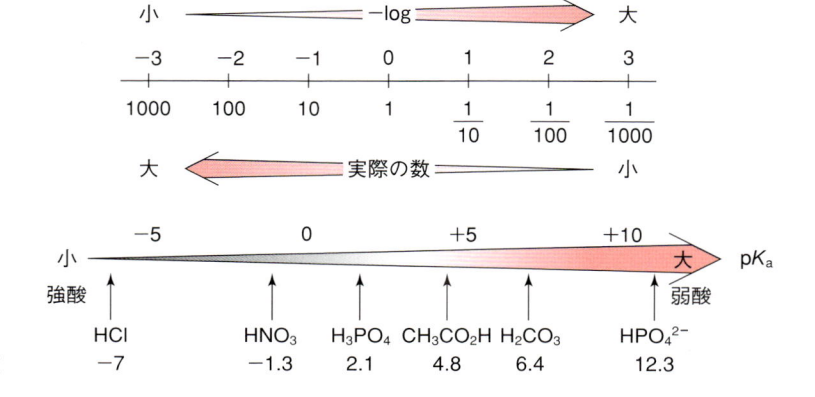

図 3・3 各物質の pK_a 値

HCl −7，HNO₃ −1.3，H₃PO₄ 2.1，CH₃CO₂H 4.8，H₂CO₃ 6.4，HPO₄²⁻ 12.3

3・3・4 塩基解離定数

塩基が OH^- を出す程度を表す指標を**塩基解離定数** K_b といい，式 3・6 で定義する。そして pK_a と同様に pK_b を定義する（式 3・7）。

ここで共役している酸と塩基について K_a と K_b の積を作ると式 3・8 となり，水のイオン積となる。したがって式の対数をとると式 3・9 となり，pK_a と pK_b の和は 14 となる。この式を使えばいろいろな酸と塩基の pK_a から pK_b を求めることができる。

pK_a はピーケーエー，pK_b はピーケービーと読む。

● 発展学習 ●
対数関数と指数関数，自然対数と自然指数の関係を調べてみよう。

$$A^- + H_2O \rightleftarrows HA + OH^- \qquad \text{反応式 3・3}$$

$$K = \frac{[HA][OH^-]}{[A^-][H_2O]} \qquad \text{（式 3・5）}$$

$$K_b = K[H_2O] = \frac{[HA][OH^-]}{[A^-]} \qquad \text{（式 3・6）}$$

$$pK_b = -\log K_b \qquad \text{（式 3・7）}$$

$$K_a \cdot K_b = \frac{[H_3O^+][A^-]}{[HA]} \cdot \frac{[HA][OH^-]}{[A^-]}$$

$$= [H_3O^+][OH^-] = K_w \qquad \text{（式 3・8）}$$

$$pK_a + pK_b = -\log K_w = 14 \qquad \text{（式 3・9）}$$

3・4 酸性・塩基性

溶液の性質を三つに分けることができる。酸性，塩基性，中性である。それぞれはどのような性質なのだろうか。

3・4・1 水素イオン指数

溶液中の水素イオンの濃度を表す指標を**水素イオン指数 pH** という。pH の定義は式 3・10 の通り，水素イオンの濃度の対数にマイナスをつけたものである。したがって pK_a などと同様に pH の数値が小さいほど H^+ 濃度は高いことになり，数値が 1 違うと濃度は 10 倍違うことになる。

pH は英語ではピーエッチと読むが独語ではペーハーと読む。

$$pH = -\log[H^+] \qquad \text{（式 3・10）}$$

3・4・2 酸性・塩基性

溶液中に H^+ が多い状態を**酸性**，少ない状態を**塩基性** という（図 3・4）。そしてその基準を純水とし，純水を中性とする。したがって，HCl のように強酸の溶液でも，濃度が低ければその溶液は弱酸性である。反対に酢酸のような弱酸でも濃度が高ければ，溶液の酸性度は強くなる。

先に見たように水のイオン積は $10^{-14} (\text{mol/L})^2$ であり，純水中には同

液　性	酸　性	中　性	塩基性
H⁺の数	H⁺ H⁺ H⁺ H⁺ H⁺ H⁺ H⁺ H⁺ H⁺ H⁺ H⁺ H⁺ H⁺ H⁺ H⁺	H⁺ H⁺ H⁺ H⁺ H⁺ H⁺ H⁺ H⁺	H⁺ H⁺
定性的表現	H⁺がOH⁻より多い	H⁺とOH⁻が同じ	H⁺がOH⁻より少ない

図3・4　酸性と塩基性のH⁺量

量のH⁺とOH⁻が存在するのでH⁺の濃度は10^{-7} mol/Lとなる。これをpHに直すと$-\log 10^{-7} = 7$となる。

したがって，中性とは25℃でpH＝7の状態であり，pHが7より小さければ酸性，大きければ塩基性ということになる（図3・5）。

水のイオン積　$K_\mathrm{w} = [\mathrm{H^+}][\mathrm{OH^-}] = 10^{-14}$ (mol/L)²
中性では　$[\mathrm{H^+}] = [\mathrm{OH^-}]$
　　∴　$K_\mathrm{w} = [\mathrm{H^+}][\mathrm{OH^-}] = [\mathrm{H^+}]^2 = 10^{-14}$ (mol/L)²
　　∴　$[\mathrm{H^+}] = 10^{-7}$ (mol/L)²

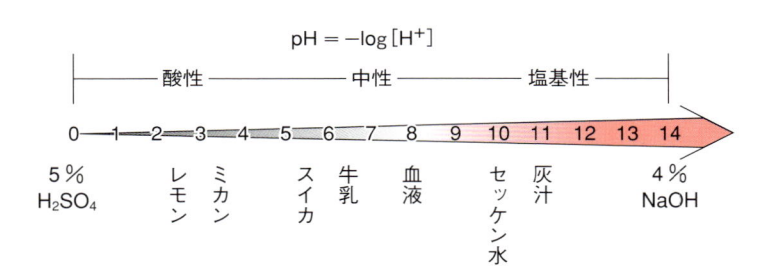

図3・5　さまざまな溶液のpH値

3・4・3　水平化効果

強酸HAは反応式3・4のように水中で完全に電離する。この式は，水中ではHAという分子は存在せず，全て$\mathrm{H_3O^+}$になっていることを示している。すなわち，強酸はHClであろうとHNO₃であろうと，全て$\mathrm{H_3O^+}$になっているのである。

$$\mathrm{HA} + \mathrm{H_2O} \longrightarrow \mathrm{H_3O^+} + \mathrm{A^-} \qquad 反応式3・4$$
　　強酸

$$\mathrm{B} + \mathrm{H_2O} \longrightarrow \mathrm{BH^+} + \mathrm{OH^-} \qquad 反応式3・5$$
　　強塩基

したがって，酸の強さは全てH_3O^+の濃度に"均されている"ことになる。これを**水平化効果**という。この結果，強酸のpHは酸解離定数K_aに関係せず，ただ濃度にのみ関係することになる。

同様に強塩基Bは反応式3・5のように電離し，全てOH^-になってしまう。

コラム／塩基とアルカリ

酸と対比される言葉に，塩基のほかにアルカリがある。アルカリと塩基はどのような関係にあるのだろうか。

アルカリは，中世で化学の発達したアラビアに由来する古い言葉で"灰"を意味する。現在ではアルカリは，"OH^-となることのできる原子団をもっている塩基"というような意味で用いられる。したがってNaOHは塩基であり，同時にアルカリである。しかし，NH_3は塩基であるがアルカリではないことになる。ただし，"アルカリ性"と"塩基性"とはほとんど同義語である。

●本章で学んだこと

- □1　アレニウスの定義では酸はH^+を出すものであり，塩基はOH^-を出すものである。
- □2　ブレンステッド–ローリーの定義では酸はH^+を出すものであり，塩基はH^+を受け取るものである。
- □3　ルイスの定義では酸は非共有電子対を受け取るものであり，塩基はそれを出すものである。
- □4　酸，塩基には硬いものと軟らかいものがあり，硬いもの同士，軟らかいもの同士がよく反応する。
- □5　水も電離し，その際のH^+とOH^-の濃度の積を水のイオン積という。
- □6　酸の解離しやすさを表す指標を酸解離定数K_aという。K_aの大きい酸は強酸であり，小さいものは弱酸である。
- □7　塩基の解離しやすさを表す指標を塩基解離定数K_bという。
- □8　溶液中にあるH^+の濃度を表す指標をpH（$-\log[H^+]$）という。
- □9　25℃でpH＝7の状態を中性，7より小さい状態を酸性，大きい状態を塩基性という。
- □10　強酸，強塩基は水中で完全に電離するので，その強さはそれぞれH_3O^+，OH^-の濃度に均されてしまう。これを水平化効果という。

演習問題

1. 硝酸 HNO_3 が電離する式を書き，共役酸・塩基を指摘せよ。
2. 水酸化カリウム KOH が電離する式を書き，共役酸・塩基を指摘せよ。
3. 水が電離する式を書き，共役酸・塩基を指摘せよ。
4. H_2O と H^+ は反応して H_3O^+ となる。この反応においてルイス酸・塩基を指摘せよ。
5. H^+，Cu^+，F^-，I^- の間で反応が起きたとするとき，生成すると思われる生成物の化学式を示せ。
6. HNO_3 の pK_a は 25 ℃ で -1.3 である。NO_3^- の pK_b を求めよ。
7. 塩酸の 10^{-4} mol/L 水溶液の pH を求めよ。
8. 灰汁が塩基性なのはなぜか。
9. レモンがアルカリ性食品に分類されるのはなぜか。

第Ⅱ部 基本的分析

第4章

酸・塩基の容量分析

● 本章で学ぶこと

　分析化学の目標は，試料を構成する元素，さらには分子の種類とその濃度を明らかにすることである。そのためにはまず，試料の中に存在する元素の種類を明らかにしなければならない。次にはその元素の濃度を明らかにしなければならない。元素の種類を明らかにするのは第5章や第10章に譲ることにして，ここでは濃度の判定がどのようにして行われるのか見てみよう。

　濃度を判定する方法には何種類もあるが，その一つに容量分析という手法がある。これは濃度未知試料に，既知濃度の標準試料を加えて（滴下して）反応させ，反応が完結するために要した標準試料の体積（容量）を測定することによって，濃度未知試料の濃度を決定する手法である。

　容量分析は化学分析の根幹を成す手法でもある。そしてその容量分析の最も代表的なものが中和滴定と呼ばれるものである。

4・1 中和反応

　酸と塩基の間の反応を**中和（反応）**という。中和によって水と共に生じる化合物を一般に**塩**という。

4・1・1 中和

　中和は一般に発熱を伴う激しい反応になるので注意が必要である。中和では水と共に化合物が生じるが，この化合物を一般に塩と呼ぶ。塩酸 HCl と水酸化ナトリウム NaOH が中和すると，水と共に塩である塩化ナトリウム NaCl が生じる。

　しかし，HCl と NH_3 の中和のように，水を生ぜず，塩 NH_4Cl（塩化アンモニウム）のみを生じる反応もある。

4・1・2 酸・塩基の価数

中和反応の本質は，酸の H^+ と塩基の OH^- の反応である．そのため，酸や塩基の中に含まれる H^+ と OH^- の個数が重要となる．

塩酸 HCl は H^+ を1個放出する．それに対して硫酸 H_2SO_4 は2個の H^+ を放出する．このように酸において H^+ として放出されることのできる H の個数を酸の**価数**という．塩酸や硝酸 HNO_3 は1価の酸であり，硫酸は2価，リン酸 H_3PO_4 は3価の酸である（表4・1）．

塩基においても同様であり，NaOH は1価の塩基であるが，水酸化カルシウム $Ca(OH)_2$ は2価の塩基である（表4・1）．

表4・1　酸・塩基の価数

	酸		塩基	
1価	HCl HNO_3 CH_3CO_2H	塩酸 硝酸 酢酸	NaOH KOH NH_4OH	水酸化ナトリウム 水酸化カリウム 水酸化アンモニウム
2価	H_2SO_4 H_2CO_3	硫酸 炭酸	$Ca(OH)_2$ $Mg(OH)_2$	水酸化カルシウム 水酸化マグネシウム
3価	H_3PO_4	リン酸	$Al(OH)_3$	水酸化アルミニウム

4・1・3 塩の種類

1価の酸である HCl と2価の塩基である $Ca(OH)_2$ が1:1の比で中和すると，塩として CaCl(OH) が生成する．この塩には OH^- となることのできる OH 原子団が残っているので塩基性塩という．しかし2:1で反応すると $CaCl_2$ となり，OH は消失する．このような塩を正塩という（表4・2）．

同様に2価の酸である硫酸 H_2SO_4 と1価の塩基である NaOH が1:1で反応すると，H^+ となることのできる H を持った酸性塩である $NaHSO_4$ が生じる．そして1:2で反応すると正塩である Na_2SO_4 が生成する（表4・2）．

表4・2　塩の種類

正塩	HCl + NaOH ⟶	$NaCl + H_2O$
	$H_2SO_4 + Ca(OH)_2$ ⟶	$CaSO_4 + 2H_2O$
	$2HCl + Ca(OH)_2$ ⟶	$CaCl_2 + 2H_2O$
	$H_2SO_4 + 2NaOH$ ⟶	$Na_2SO_4 + 2H_2O$
酸性塩	$H_2SO_4 + NaOH$ ⟶	$NaHSO_4 + H_2O$
塩基性塩	$HCl + Ca(OH)_2$ ⟶	$CaCl(OH) + H_2O$

4・1・4 塩の性質

塩は中性とは限らない。酸性の塩も塩基性の塩もある。しかし，酸性塩，塩基性塩という言葉と実際の酸性，塩基性とは無関係である。

弱酸である酢酸 CH_3CO_2H と強塩基である $NaOH$ が反応すると酢酸ナトリウム CH_3CO_2Na が生成する。これは正塩であるが性質は塩基性である。一方，強酸である HCl と弱塩基である NH_3 との中和では NH_4Cl が生成する。この塩も正塩であるが性質は酸性である。$(NH_4)HSO_4$ は酸性塩であって性質も酸性であるが，一方 $NaHCO_3$ も酸性塩であるが性質は塩基性である。

このように塩は，その元となった酸・塩基のうち，強い方の性質を残している（**表4・3**）。

表4・3 塩の性質

酸	塩基	塩
強	強	中性
弱	弱	中性
強	弱	酸性
弱	強	塩基性

4・2 容量分析

分析には元素や分子の種類を特定する定性分析と，その量を特定する定量分析がある。容量分析は定量分析の一種である。

4・2・1 容量分析

溶液中にある物質 A の量を測りたいとしよう。このとき，容量分析では別の物質 B を用いて A の量を測るのである。

A と B は 1：1 で反応して AB になるとしよう。この場合，溶液に B を加え，全ての A を AB に変えたときに加えた B の個数を測れば A の個数もわかることになる。さらに，B を一定濃度の標準溶液としておけば，加えた B 溶液の体積（容量）を測定すれば B の個数がわかり，結果的に A の個数もわかることになる（**図4・1**）。このような分析法を，容量を用いた分析法なので**容量分析**という。

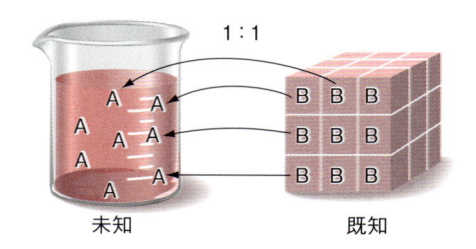

図4・1 容量分析の考え方

4・2・2 滴定

容量分析の基本的な操作が**滴定**である。滴定とは，濃度未知試料に濃度既知の標準試料を加え，両者を反応させる操作をいう。

具体的には，ビーカーなどの適当な容器に一定容量の濃度未知試料を入れ，そこに濃度既知の標準試料を少しずつ加える。このときの標準試料を入れる容器にはビュレットが用いられる。ビュレットは細長い容器であり，下部にコックが付いていて，標準試料を任意の量だけ未知試料に加えることができる（図 4・2）。

4・2・3 反応の終点

ホールピペットを用いて測りとった一定容量の濃度未知試料 A 100 mL に，1 モル濃度の標準試料 B をビュレットより滴定によって加えたとしよう。その結果，A + B → AB の反応が進行し，A は次第に減少していく。そして 10 mL だけ加えた時点で全ての A は消費されて AB になったとしよう。

濃度未知試料の濃度を X mol/L とすると，100 mL 中の A の物質量は

$$X \text{ (mol/L)} \times 0.1 \text{ (L)} = 0.1 X \text{ (mol)}$$

であり，一方，加えた B の物質量は

$$1 \text{ (mol/L)} \times 0.01 \text{ (L)} = 0.01 \text{ (mol)}$$

である。したがって

$$X = 0.1 \text{ (mol/L)}$$

となって濃度未知試料の濃度が求まる。問題は，A が完全に消費された時点をどのようにして判定するかである。

4・3 中和滴定

前節において，濃度未知試料 A を酸とし，標準試料 B を塩基とすれば，この反応は中和となる。このため，このような容量分析を，その具体的な操作（滴定）の名前を取って**中和滴定**と呼ぶ。

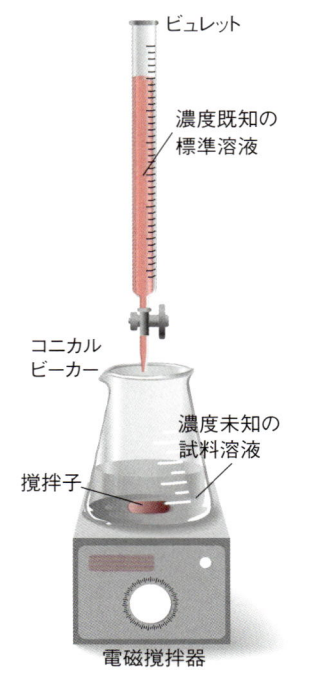

図 4・2 滴定

一定体積の液体を正確に測り取るにはホールピペットを用いる。メスシリンダーは正確ではない。

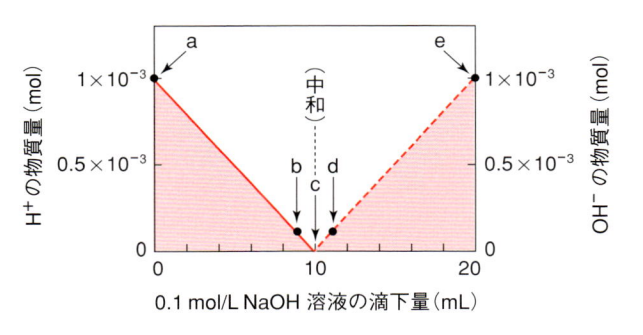

図 4・3 滴定の物質量変化
0.1 mol/L の HCl を 0.1 mol/L の NaOH で中和したときの変化。

4・3・1 濃度変化

塩酸溶液に水酸化ナトリウム溶液を滴下していく場合のpH変化を考えてみよう。

図4・3は，濃度0.1 mol/LのHCl溶液10 mLに同じ濃度のNaOH溶液を滴下していった場合の，ビーカー内の溶液中におけるOH^-, H^+物質量の変化を表したものである。NaOH溶液を加えるにつれてH^+物質量は低下していく。そしてHCl溶液と当量（10 mL）のNaOH溶液を加えた時点でH^+物質量は0 molとなる（水の電離に伴うH^+が存在するので正確には微量ながら存在する）。

さらにNaOH溶液を加えると今度はOH^-が増加していく。この結果グラフはV字型を描く。このV字の底を**当量点**という。すなわち，酸と塩基の量が当量になり，中和が完結した状態である。

コラム／緩衝液

水に酸を加えれば酸性となり，塩基を加えれば塩基性となる。しかし，ある種の溶液は，酸を加えられても塩基を加えられてもそのpHがあまり変化しない。このような溶液を緩衝液という。生物の体液などは精巧な緩衝液である。

緩衝液は弱酸とその塩，または弱塩基とその塩の大量混合物である。酢酸とその塩である酢酸ナトリウムの水溶液を考えてみよう。酢酸は弱酸なのでほとんど解離していない。それに対して酢酸ナトリウムは塩なのでほぼ完全に解離して酢酸イオンとナトリウムイオンになっている。

この溶液にH^+を加えると，H^+は酢酸イオンと反応して酢酸となる。すなわち，H^+は消費されて無くなってしまうのである。またOH^-を加えると酢酸が反応して酢酸イオンと水になり，この場合もOH^-はなくなる。

このように，緩衝溶液は加えられたH^+, OH^-を巧みに消費して溶液のpHをほぼ一定に保つのである。

$$CH_3CO_2H \rightleftarrows CH_3CO_2^- + H^+$$
弱酸

$$CH_3CO_2Na \longrightarrow CH_3CO_2^- + Na^+$$
塩

$$H^+ + CH_3CO_2^- \longrightarrow CH_3CO_2H$$

$$OH^- + CH_3CO_2H \longrightarrow CH_3CO_2^- + H_2O$$

4・3・2 pH変化

表4・4は，この滴下に伴うH^+，OH^-の濃度変化とpH変化を表したものである。NaOH溶液の滴下量と，それに伴うH^+，OH^-，それとpH変化量を示してある。

図4・4はこの表のpH変化をグラフにしたものである。中和点の近傍でpHが急激に変化することがわかる。

表4・4　中和滴定に伴う[H^+]と[OH^-]の変化

滴定 mL	[H^+]	pH	[OH^-]	
0.00	10^{-1}	1	10^{-13}	a点
9.00	5.26×10^{-3}	2	10^{-12}	b点
9.90	10^{-3}	3	10^{-11}	
9.99	5.00×10^{-5}	4	10^{-10}	
9.99_9	10^{-5}	5	10^{-9}	
10.00	10^{-7}	7	10^{-7}	c点（中和点）
10.00_1	10^{-9}	9	10^{-5}	
10.01	10^{-10}	10	10^{-4}	
10.10	10^{-11}	11	10^{-3}	
11.00	10^{-12}	12	10^{-2}	d点
20.00	3×10^{-13}	13	0.03	e点

（上野景平・今村寿明『容量分析』（共立出版，1965）より改変）

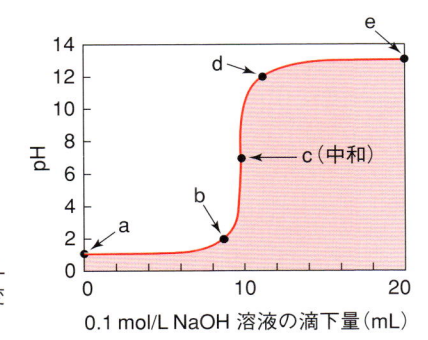

図4・4　中和滴定のpH変化
0.1 mol/LのHClを0.1 mol/LのNaOHで中和したときの変化。

4・4 指　示　薬

滴定によって濃度を測定するためには，ちょうど中和が完結した時点，すなわち当量点を知らなければならない。そのためにはpHメーターでpHを測れば一目瞭然であるが，古くから用いられ，簡単で便利な方法に指示薬（この場合は特にpH指示薬という）を用いる方法がある。

4・4・1 指 示 薬

一般に**指示薬**とは，リトマス試験紙のように，溶液の pH によってその色彩を変化させる試薬である。指示薬の色の変化は，pH によって指示薬の構造が変化することによる。フェノールフタレインの例を図 4・5 に示した。

> フェノールフタレインの発色はキノイド骨格の発現によるものである。 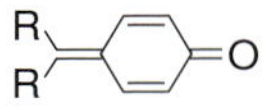
>
> キノイド骨格

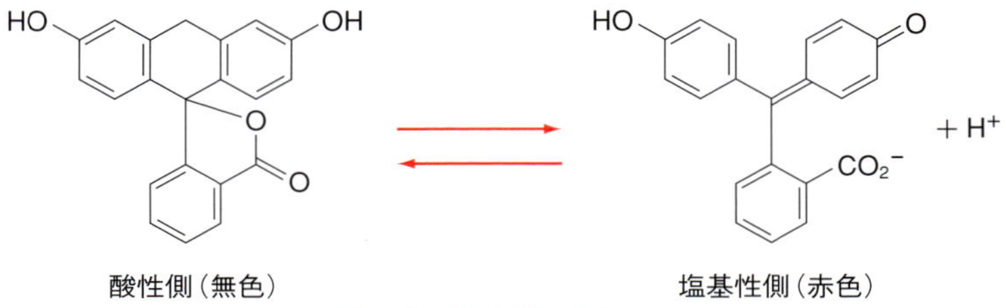

酸性側（無色） ⇌ 塩基性側（赤色） ＋ H⁺

フェノールフタレイン

図 4・5　フェノールフタレインの色変化

指示薬には多くの種類があり，それが変色する pH もまた，7 とは限らない。指示薬が変色する領域を変色域という。いくつかの指示薬を表 4・5 にまとめた。

表 4・5　各指示薬の変色域

指示薬（略称）	酸性色	変色域	塩基性色
メチルオレンジ（MO）	赤	3.1〜4.4	橙黄
メチルレッド（MR）	赤	4.2〜6.3	黄
リトマス	赤	4.5〜8.3	青
ブロモチモールブルー（BTB）	黄	6.0〜7.6	青
フェノールフタレイン（PP）	無	8.3〜10.0	赤

4・4・2 当量点と pH

前節の NaOH と HCl の中和では当量点は中性であり，pH は 7 であった。しかし，全ての中和反応において当量点が pH ＝ 7 とは限らない。第 3 章で見たように，塩には酸性の塩も，塩基性の塩もあった。ということは，酸と塩基が当量存在する当量点の pH も 7 とは限らないことを意味する。

4・4・3 当量点と指示薬

図 4・6 は，HCl のような強酸やホウ酸 H_3BO_3 のような弱酸を NaOH で滴定した場合の pH 変化を表したものである。強酸と強塩基（HCl－NaOH）では当量点は中性（pH ＝ 7）であるが，弱酸と強塩基（酢酸－NaOH）では当量点が塩基性になっている。

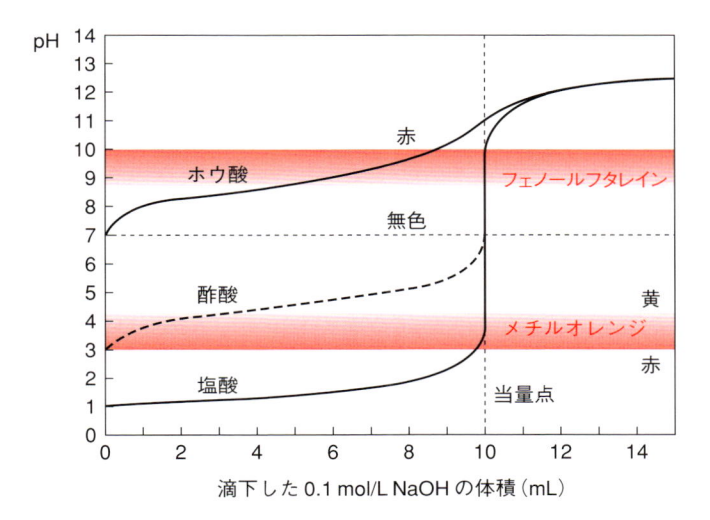

図4・6　指示薬の当量点

したがって，HCl−NaOH の中和の当量点はメチルオレンジ，フェノールフタレイン，どちらを用いても知ることができる。しかし，酢酸−NaOH の中和ではフェノールフタレインを用いなければならない。また，ホウ酸の場合にはこれらの指示薬で中和点を知ることは困難である。

●この章で学んだこと

- □ 1　酸と塩基の反応を中和といい，水と共に塩が生じる。
- □ 2　H^+ となりうる H をもつ塩を酸性塩という。OH^- となりうる OH を持つ塩を塩基性塩という。これらの H，OH を持たない塩を正塩という。
- □ 3　塩は中性とは限らない。
- □ 4　濃度未知の試料溶液に濃度既知の標準溶液を加えることによって濃度を測定する手法を容量分析という。
- □ 5　容量分析は滴定によって行う。
- □ 6　中和反応を用いた容量分析を中和滴定という。
- □ 7　中和滴定において当量点を知るのに用いられるのが pH 指示薬である。
- □ 8　指示薬が変色する pH 領域は指示薬によって異なる。

●演習問題●

1 次の酸，塩基の価数を示せ。
 a) H_2SO_4 b) CH_3CO_2H c) H_2CO_3 d) $Mg(OH)_2$

2 リン酸 H_3PO_4 と水酸化ナトリウム NaOH から生じる塩の構造式を全て示し，それぞれ何塩かを分類せよ。

3 次の反応で生じる塩の構造式を示せ。
 a) $CH_3CO_2H + NaOH \rightarrow$
 b) $H_2CO_3 + NaOH \rightarrow$
 c) $H_2CO_3 + 2\,NaOH \rightarrow$
 d) $Ca(OH)_2 + H_2SO_4 \rightarrow$

4 問題3で生じる塩の水溶液は酸性か塩基性かを答えよ。

5 濃度未知の試料 100 mL を 0.2 mol/L の標準試料で滴定したところ，5 mL を要した。これらが 1:1 で反応するものとして試料の濃度を求めよ。

6 濃度 0.1 mol/L の酢酸溶液 100 mL を中和するのには，濃度 1 mol/L の水酸化ナトリウム溶液何 mL が必要か。

7 酢酸と水酸化ナトリウムの中和滴定において，用いることのできない指示薬を表 4・5 から選べ。

第Ⅱ部　基本的分析
第5章

定性分析

● 本章で学ぶこと

　溶液中に含まれる元素の性質を明らかにする分析を定性分析という。定性分析はまた定量分析に対する言葉でもあり，含まれる元素の種類は決定できるが量は決定できないとの意味が込められていることもある。

　現代の分析化学では，元素の種類を決定する手段は幾通りもあり，それは微量の試料を用いて正確，迅速，簡便に行うことのできる方法でもある。しかし，ここではそのような方法ではなく，古典的な手法で化学試薬を用いる方法を紹介する。というのは，このような分析手法は化学実験の基本的な手法，技術，考え方を代表するものであり，現在も多くの大学で教育手段として用いられているからである。

5・1　定性反応

　本章で分析する元素は金属元素であり，陽イオンである。そのため，陽イオン分析と呼ばれることもある。

5・1・1　沈殿法

　溶液中の金属 A は金属イオンとして陽イオン A^+ の状態にある。このイオンに特定の試薬 a^-（分属試薬という）を加えると反応が起こり，その結果不溶性の沈殿 Aa が生じるものとしよう。

　ある組成未知の試料溶液があったとしよう。この溶液に試薬 a^- を加えたところ沈殿が生じたなら，この沈殿は Aa の可能性があり，溶液中には A^+ が存在する可能性がある。しかし，何も沈殿が生じなかったなら，A^+ が存在する可能性はない（図5・1）。

　このような操作を B^+ に反応する試薬 b^-，C^+ に反応する試薬 c^- 等を用いて行えば，溶液中に存在する金属イオンの種類を推定することがで

図5・1 沈殿法の概念

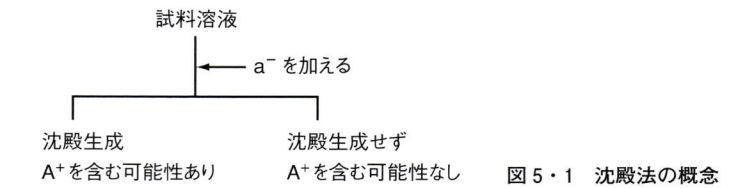

きる。このような方法を**沈殿法**という。

5・1・2 操 作

定性分析の実際の操作は**図5・2**の通りである。3種の金属イオン A^+, B^+, C^+ を含む試料の分析を考えてみよう。

① まず試料に試薬 x^-（A^+, B^+ と沈殿を作る）を加える。
② 沈殿をろ過して沈殿とろ液に分ける。沈殿には A^+, B^+ が含まれる可能性が高い。一方、ろ液には C^+ が含まれている可能性が高いので、後にさらに分析するため保管する。
③ ① で生じた沈殿を試薬 y（沈殿 Bx だけを溶かす）で洗浄する。
④ 洗浄液と沈殿に分ける。残った沈殿は A^+ を含む可能性があり、洗浄液は B^+ を含む可能性が高い。

このような操作を繰り返すと、どの試薬を加えたときに沈殿が生成するかしないか、また生成した沈殿の色などを見ることによって、試料中に含まれる金属イオンの種類を知ることができる。

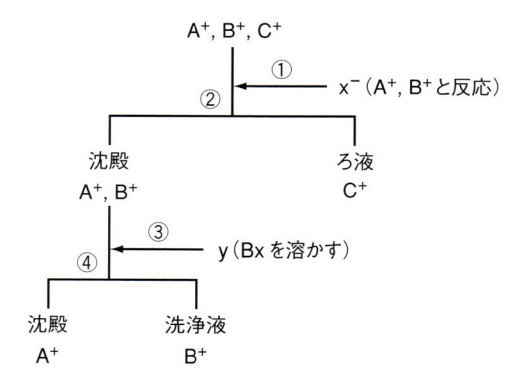

図5・2 定性分析の操作

5・1・3 金属イオンの分類

沈殿法では金属イオンをどの試薬で沈殿するかによって、**表5・1**に示した第1属から第6属の6種類に分類する。しかしこの分類法は沈殿法に固有の分類であり、周期表の族とは無関係である。

表 5・1　分属試薬と沈殿イオン

属	分属試薬	イオン
第1属	HCl	Ag^+, Hg_2^{2+}, Pb^{2+}
第2属	酸性 H_2S	Hg^{2+}, Cu^{2+}, Cd^{2+}, Bi^{3+} Sn^{2+}, Sn(IV), Sb^{3+}, Sb(V), As(III), As(V)
第3属	NH_4Cl, NH_3aq	Fe^{3+}, Al^{3+}, Cr^{3+} (Mn^{3+})
第4属	NH_3aq + H_2S	Co^{2+}, Ni^{2+}, Mn^{2+}, Zn^{2+}
第5属	$(NH_4)_2CO_3$	Ba^{2+}, Sr^{2+}, Ca^{2+}
第6属	なし	Mg^{2+}, Na^+, K^+, NH_4^+

NH_3aq：アンモニア水

5・2　第1, 2属の反応

7種類の金属イオン，Ag^+，Al^{3+}，Ba^{2+}，Bi^{3+}，Co^{2+}，Na^+，Pb^{2+}を含む溶液の定性分析を行ってみよう。

5・2・1　第1属の反応（図5・3）

試料溶液に第1属分属試薬である塩酸を加えて温めると沈殿①が生成する。沈殿①をろ過して除き，ろ液をろ液Ⅰとする。ろ液Ⅰは第2属以降のイオンを分析するため保管する。

沈殿①には第1属イオン Ag^+ と Pb^{2+} が含まれている可能性がある。そのため両者を分離する必要がある。

沈殿①を熱湯でよく洗浄し，洗浄液と残った沈殿②に分離する。沈殿②にアンモニア水を加えて溶かし，その後ホルマリン（ホルムアルデヒド $H_2C=O$ 水溶液）を加えると黒色沈殿が生成する。これは Ag^+ に特有の反応であり，したがって試料に Ag^+ が含まれることが明らかである。

もし沈殿②がこの操作によって黒変しなかったら，②は Ag^+ を含まないことになり，最初の試料には Ag^+ は含まれなかったことになる。

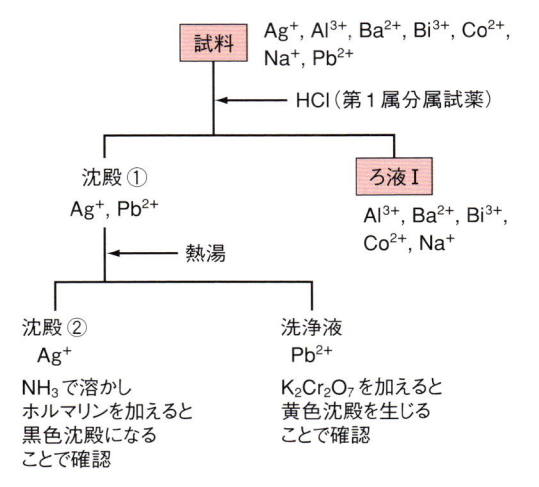

```
試料　　Ag+, Al3+, Ba2+, Bi3+, Co2+,
　　　　Na+, Pb2+
  │
  │←── HCl（第1属分属試薬）
  │
  ├─────────────┐
沈殿①　　　　　　　ろ液Ⅰ
Ag+, Pb2+　　　　　Al3+, Ba2+, Bi3+,
  │　　　　　　　　Co2+, Na+
  │←── 熱湯
  │
  ├─────────────┐
沈殿②　　　　　　　洗浄液
Ag+　　　　　　　　Pb2+

NH3 で溶かし　　　K2Cr2O7 を加えると
ホルマリンを加えると　黄色沈殿を生じる
黒色沈殿になる　　　ことで確認
ことで確認
```

図5・3　第1属の反応

次に洗浄液に重クロム酸カリウム（二クロム酸カリウム）$K_2Cr_2O_7$ を加えると黄色の沈殿を生じる。これは Pb^{2+} に特有の反応であり，したがって試料に Pb^{2+} が含まれていることが明らかである。

5・2・2 第2属の反応（図5・4）

ろ液Ⅰには第2属以降の金属イオンが含まれている。ここから第2属イオンを分離しよう。

ろ液Ⅰに第2属分属試薬である硫化水素 H_2S の気体を吹き込む。すると黒色の沈殿③が生じる。これは Bi^{3+} に固有の反応であり，試料に Bi^{3+} が存在することを示すものである。

沈殿③をろ過して除き，ろ液をろ液Ⅱとする。

> 硫化水素 H_2S は猛毒である。取り扱うときはドラフトを用い，厳重に注意しなければならない。

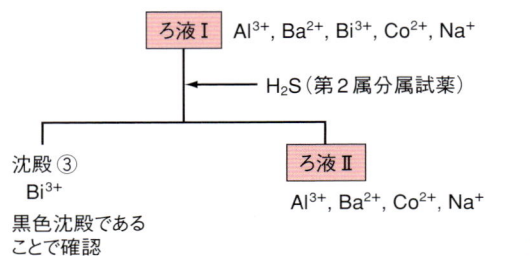

```
           ろ液Ⅰ  Al³⁺, Ba²⁺, Bi³⁺, Co²⁺, Na⁺
              │
              ←── H₂S（第2属分属試薬）
        ┌─────┴─────┐
      沈殿③        ろ液Ⅱ
      Bi³⁺         Al³⁺, Ba²⁺, Co²⁺, Na⁺
     黒色沈殿である
     ことで確認
```

図5・4　第2属の反応

5・3　第3,4属の反応

7種類の金属イオンを含む試薬から第1属の Ag^+，Pb^{2+}，第2属の Bi^{3+} が沈殿として除かれ，残りは4種となった。

5・3・1 第3属の反応（図5・5）

ろ液Ⅱには第3属以降の金属イオンが含まれている。ここから第3属イオンを分離しよう。

ろ液Ⅱに第3属分属試薬である塩化アンモニウム NH_4Cl を加えて加熱すると沈殿④が生成する。沈殿④をろ過して除き，ろ液をろ液Ⅲと

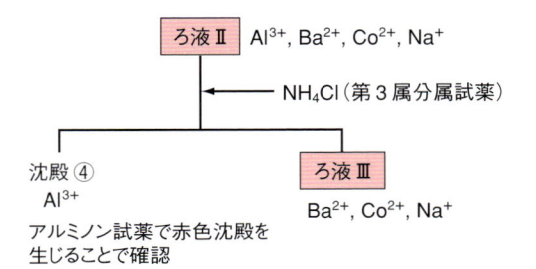

```
           ろ液Ⅱ  Al³⁺, Ba²⁺, Co²⁺, Na⁺
              │
              ←── NH₄Cl（第3属分属試薬）
        ┌─────┴─────┐
      沈殿④        ろ液Ⅲ
      Al³⁺         Ba²⁺, Co²⁺, Na⁺
   アルミノン試薬で赤色沈殿を
   生じることで確認
```

図5・5　第3属の反応

する。

沈殿 ④ に水酸化ナトリウムと過酸化水素 H_2O_2 を加えて溶かし，その後アルミノン試薬を加えると赤色の沈殿を生じる。これは Al^{3+} に固有の反応であり，試料に Al^{3+} が存在することを示すものである。

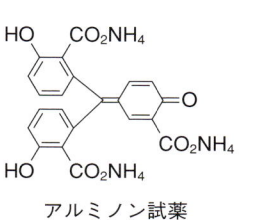

5・3・2 第4属の反応（図5・6）

ろ液Ⅲには第4属以降の金属イオンが含まれている。ここから第4属イオンを分離しよう。

ろ液Ⅲにアンモニア水を加えて塩基性とした後，第4属分属試薬である硫化水素を吹き込むと沈殿 ⑤ が生成する。沈殿 ⑤ をろ過して除き，ろ液をろ液Ⅳとする。

沈殿 ⑤ に塩酸を加えて溶かし，α-ニトロソ-β-ナフトールを加えると赤色の沈殿を生じる。これは Co^{2+} に固有の反応であり，試料に Co^{2+} が存在することを示すものである。

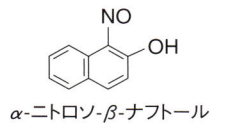

アルミノン試薬

α-ニトロソ-β-ナフトール

```
ろ液Ⅲ  Ba²⁺, Co²⁺, Na⁺
   │
   ← H₂S（第4属分属試薬）
   │
 ┌─┴─┐
沈殿⑤   ろ液Ⅳ
Co²⁺    Ba²⁺, Na⁺
α-ニトロソ-β-ナフトールで
赤色沈殿を生じることで確認
```

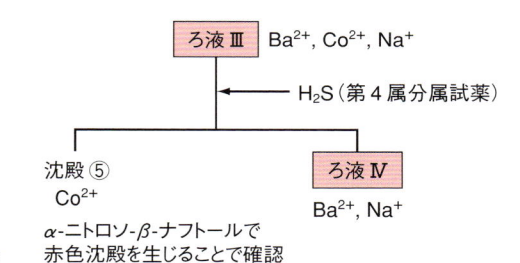

図5・6　第4属の反応

5・4　第5, 6属の反応

試料溶液中に残るイオンは Ba^{2+} と Na^+ の2種類だけになった。

5・4・1 第5属の反応（図5・7）

ろ液Ⅳに含まれている金属は第5属と第6属である。この両者を分離しよう。

ろ液Ⅳに第5属分属試薬である炭酸アンモニウム $(NH_4)_2CO_3$ を加え

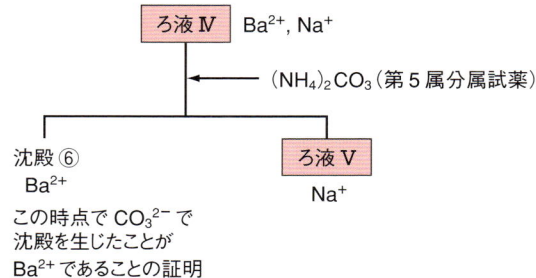

```
ろ液Ⅳ  Ba²⁺, Na⁺
   │
   ←（NH₄)₂CO₃（第5属分属試薬）
   │
 ┌─┴─┐
沈殿⑥   ろ液Ⅴ
Ba²⁺    Na⁺
この時点でCO₃²⁻で
沈殿を生じたことが
Ba²⁺であることの証明
```

図5・7　第5属の反応

ると沈殿 ⑥ が生成する。沈殿 ⑥ をろ過して除き，ろ液をろ液Vとする。

第1属から第4属までの金属イオン全てを除いた状態で，$(NH_4)_2CO_3$ と反応して沈殿を生じる金属イオンは Ba^{2+} 以外にありえない。したがって，ろ液IVに $(NH_4)_2CO_3$ 溶液を加えて沈殿が生じたということは Ba^{2+} の存在を証明するものである。Ba^{2+} の存在は炎色反応（緑色）によって確認することができる。

●発展学習●
いろいろの金属が炎色反応において示す色を調べよう。

5・4・2 第6属の反応（図5・8）

試料溶液に含まれた7種の金属イオンのうち6種が同定されたのだから，ろ液Vに含まれるイオンは Na^+ に決まっているが，その確認をしておこう。

ろ液を蒸発乾固して固体とし，その後塩酸を加えて溶かす。この溶液にアンチモン酸カリウム $KSbO_3$ を加えると沈殿が生じる。この反応は Na^+ に固有の反応なので，ろ液Vに含まれるイオンが Na^+ であることが証明される。

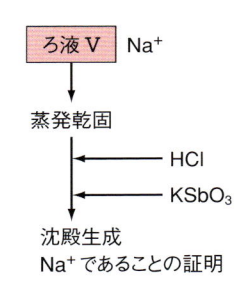

```
ろ液V   Na⁺
  ↓
蒸発乾固
  ↓ ← HCl
  ↓ ← KSbO₃
沈殿生成
Na⁺であることの証明
```

図5・8　第6属の反応

●この章で学んだこと●

□ 1　金属イオンに特定の試薬を加えると沈殿を生じる。
□ 2　どの試薬に反応するかによって金属イオンを第1属から第6属までの6種に分類できる。
□ 3　各属が沈殿を生じる試薬を分属試薬と呼ぶ。
□ 4　溶液に分属試薬を加えて沈殿が生じた場合にはその属の金属イオンが生成する。
□ 5　このようにして金属イオンを決定（同定）することを定性分析という。
□ 6　一般に定性分析は，元素の種類を同定することはできるが，量を測定することはできない。

●演習問題●

1　沈殿とはどのようなものか。
2　沈殿とろ液を分離するにはどのような操作を行えばよいか。
3　分属試薬とは何か。
4　第2属分属試薬と第4属分属試薬に，共に硫化水素 H_2S が使われているが，反応条件はどのように違うのか。
5　アルミノン試薬と反応して赤い沈殿を生じる金属イオンの名前と属を答えよ。
6　α-ニトロソ-β-ナフトールと反応して赤い沈殿を生じる金属イオンの名前と属を答えよ。
7　第6属の Na^+ を確認する操作で，いったんろ液Vを蒸発乾固し，その後再び溶解しているのはなぜか。

第Ⅲ部 化学分析
第6章

重量分析

● 本章で学ぶこと

重量分析は，成分の重量を測定することによって，混合物の組成やそれが溶解していた溶液の濃度を決定する方法である．最近ではほとんど行われなくなっているが，精密な定量が可能で，化学分析の基本操作が含まれており，分析化学を学ぶうえで重要なテーマの一つである．

重量分析での最も一般的な定量法は沈殿法である．まず，溶液中で沈殿が生成する過程は，溶液中のイオン同士が直接集合してクラスターが生成し，これが結晶核となることから始まる．結晶核がさらに成長してコロイド粒子を経て沈殿粒子となる．沈殿の生成には，溶解平衡と溶解度積，共通イオン効果などが関係している．これに関連して，溶解平衡を利用した滴定法である沈殿滴定がある．

本章では，これらのことについて学んでいこう．

6・1 重量分析の原理

あらかじめ式量もしくは分子量がわかっている純粋な化学物質の物質量（溶液になっている場合はモル濃度）は，電子天秤でその重量を測定することで明らかにすることができる．このように成分の重量を測定することによって，混合物の組成やそれが溶解していた溶液の濃度を決定する方法を**重量分析**（gravimetric analysis）と呼んでいる．

6・1・1 重量分析

重量分析は操作が煩雑で，しかも正確な値を出すためには熟練を要するため，最近ではほとんど行われなくなっている．しかし，有効桁数の大きい精密な定量が可能であるため，重量分析の意義は失われていない．また，試料の溶解，希釈，一定体積の採取，沈殿の生成，ろ過，沈殿の

式量：化合物の組成を化学式で表すとき，その構成原子の原子量の総和を式量という．主に，無機物の結晶のように分子が存在しない場合に用いる．

分子量：共有結合性の物質のように分子が確定できる物質について，その構成原子の原子量の総和を分子量という．

● 発展学習 ●
物体固有の物理量の一つである「質量」について調べてみよう．また，「重量」についてもその物理的意味を調べてみよう．

表 6・1　主な沈殿形と秤量形

沈殿形	加熱温度/℃	秤量形
$AgCl$	130	$AgCl$
$Al_2O_3 \cdot xH_2O$	1200	Al_2O_3
$BaSO_4$	800	$BaSO_4$
$CaC_2O_4 \cdot H_2O$	950	CaO
$Fe_2O_3 \cdot xH_2O$	1000	Fe_2O_3
$MgNH_4PO_4 \cdot 6H_2O$	1100	$Mg_2P_2O_7$
$Ni(C_4H_7N_2O_2)_2$	110	$Ni(C_4H_7N_2O_2)_2$

$C_4H_7N_2O_2^-$：ジメチルグリオキシマトイオン（ジメチルグリオキシムの−1価イオン）

> 定性分析における沈殿法（5・1・1項）は，沈殿の有無と色で溶存イオンの種類を判別している。定量分析における沈殿法は，生成した沈殿を分離・乾燥・秤量することによって，溶存していたイオンの濃度を求める手法である。原理は同じであるが，目的が違うため操作手順が異なっている。

洗浄，乾燥，強熱・灰化，秤量など，化学分析の基本操作のほとんど全てが含まれているので，分析操作を学ぶ重要なテーマの一つでもある。

重量分析には，最も一般的な定量法である**沈殿法**がある。これは，試料中の目的成分を難溶性塩として沈殿分離し，乾燥・強熱して**表6・1**のように組成の明らかな化合物にして秤量する。これより，試料中の目的成分の含有率を求めることができる方法である。その他，目的成分を加熱により揮発させ適当な吸収剤に吸収させその増量分を求める揮発法，目的成分を電気分解により電極上に析出させその質量を求める電解法などがある。また，広い意味では，有機物を燃焼して，炭素・水素・窒素の割合を求める元素分析も重量分析の一種である。

6・1・2　沈　殿　法

一般的な重量分析である沈殿法は，① 一定体積（場合によってはある重量を精秤）の試料溶液の採取，② 沈殿の生成・ろ過・洗浄，③ 沈殿の乾燥・強熱・灰化，④ 秤量・計算，の手順で行われる。重量分析（沈殿法）で求められる条件は，純粋な沈殿（沈殿形）が得られやすくその沈殿の溶解度が十分小さいこと，分子量（式量）が大きいこと，乾燥あるいは強熱によって一定組成の化合物（秤量形）になること，吸湿性がないことなどである。

それぞれの操作で注意すべきことは，② 沈殿の生成では共沈や吸蔵などによって目的成分の沈殿に他成分が混入する可能性があること，③ 沈殿の乾燥・強熱では化学形の変換（沈殿形から秤量形へ）が起こる場合があることなどである。このことについては，熱分析での熱重量変化データを参考にすることができる。重量分析は有効桁数の大きい（6～7桁はすぐに達成できる）精密な定量法であるが，正確な値を得るためには熟練を要する。逆に，誤差が生じやすいところはどこかをあらかじめ十分理解していなければならない。

参考 電子天秤 秤量範囲と誤差

電子天秤は一般的に最も普及している天秤であり，電磁気力を利用している。秤量に要する時間も短い。最小目盛が 0.01 mg のもののほか 0.001 mg の分析用の超精密天秤が市販されているが，0.01 mg の天秤のほうが一般的である。試料の最大の重さ，最小表示などによって使用する天秤を選択する必要がある。試料の温度が室温と大きく異なる場合は，秤量に誤差が生じやすい。接近した質量値の差を識別できる能力を分解能（内部分解能）といい，内部分解能はデジタル表示で差が現れない場合でも天秤内部では識別されていることを表し，表示の分解能より1桁小さいことが多い。

6・2 溶解平衡と溶解度積

どんなに水に溶けにくい塩でも，必ず一部は解離して水に溶解しており，そこには溶解平衡が成立している。

6・2・1 溶解平衡

溶液中および結晶中のイオンの数は変化しないが，陽イオン同士と陰イオン同士はそれぞれ交換している。これを**動的平衡**と呼ぶ。ここで，溶液中および結晶中の双方において，電荷的に中性である。

難溶性塩の溶解平衡は，式 6・1 のように示される。その平衡定数は，分母になる $[BaSO_4(s)]$（(s) は固体を表す）は 1 として除かれるため，電離して生成する陽イオンと陰イオンの濃度の積である式 (6・2) となる。これより，溶解平衡の平衡定数を**溶解度積**（K_{sp}）と呼ぶ（2・2・2 項）。平衡定数であるので，溶解度積も温度とイオン強度に依存する。通常は 25 ℃ の値を用いる。

難溶性塩の溶解平衡　　$BaSO_4(s) \rightleftharpoons Ba^{2+} + SO_4^{2-}$　　　（式 6・1）

$$K = \frac{[Ba^{2+}][SO_4^{2-}]}{[BaSO_4(s)]} \quad K_{sp} = [Ba^{2+}][SO_4^{2-}] \quad （式 6・2）$$

⇩ 固体を 1 と考える

6・2・2 モル溶解度

同じ型の塩（例えば，1:1塩，1:2塩，2:1塩）同士は，K_{sp} の大小から溶解しやすさの順序を判定することができる（K_{sp} の小さい方が，溶解性がより低い）。しかし，違う型の塩は，**モル溶解度**（溶液 1 L に飽和まで溶解している溶質の物質量；mol/L）に変換してから比較する必要

陽イオン：陰イオンの比で示す。
1:1塩の例 AgCl，$BaSO_4$
1:2塩の例 $PbCl_2$，CaF_2
2:1塩の例 Ag_2CrO_4，Cu_2S

がある．まず難溶性塩を生成する陽イオンと陰イオンの濃度の関係式を電荷均衡から求める．その関係式を溶解度積の式に代入することによって，一方のイオンの濃度を求めることができ，それよりモル溶解度に変換できる．また，逆にモル溶解度から溶解度積を求めることもできる．

6・2・3 共通イオン効果

重量分析の際には，目的イオンを沈殿させるために添加するイオン溶液を少し過剰に用いる．これは，ルシャトリエの平衡移動を応用しているともいえる．難溶性塩の構成イオンと同じイオンが溶液に存在すると，溶解平衡は左側に傾き，難溶性塩のモル溶解度は減少する．このことを**共通イオン効果**と呼んでいる．

共通イオン効果を用いて，目的イオンをほぼ 100 % 沈殿させ分離することができ，これを定量的沈殿と呼んでいる．また，同じイオンで難溶性の沈殿を生じる複数のイオンが溶解しているとき，共通イオンの濃度を調整することによってそれぞれの沈殿を分別することも可能である．例えば，銀イオンと鉛(II)イオンが共存している場合，塩化物イオンを加えることによって共に難溶性の沈殿を生じる．しかし，それらの溶解度積の値が大きく異なっており（**表 6・2**），溶液中の塩化物イオン濃度を調整することによって（演習問題 4 参照），それらをほぼ完全に分離することができる．

表 6・2　いろいろな難溶性塩の溶解度積 (25 ℃)

塩	溶解度積	塩	溶解度積
AgCl	1.6×10^{-10}	$Ba_3(PO_4)_2$	6.0×10^{-39}
AgBr	5.2×10^{-13}	$BaCO_3$	5.1×10^{-9}
AgI	1.5×10^{-16}	$BaSO_4$	1.0×10^{-10}
AgCN	2.0×10^{-16}	$CaCO_3$	4.7×10^{-9}
Ag_2CrO_4	2.4×10^{-12}	$CaSO_4$	2.4×10^{-5}
$PbCrO_4$	2.0×10^{-16}	$Ca_3(PO_4)_2$	2.0×10^{-29}
CdS	7.0×10^{-27}	$Cd(OH)_2$	2.8×10^{-14}
CoS	8.0×10^{-23}	$Co(OH)_2$	2.0×10^{-16}
Cu_2S	1.0×10^{-48}	$Cu(OH)_2$	2.2×10^{-20}
CuS	8.0×10^{-36}	$Fe(OH)_2$	8.0×10^{-16}
FeS	5.0×10^{-18}	$PbCl_2$	1.6×10^{-5}
HgS	3.0×10^{-52}		

6・3　沈殿の生成と精製・重量測定

重量分析には多くの種類があるが，金属イオンの定量には吸光光度法やキレート滴定法など他の簡便な方法があるため，主に行われているの

は硫酸イオン（沈殿形：$BaSO_4$, 秤量形：$BaSO_4$），塩化物イオン（沈殿形：$AgCl$, 秤量形：$AgCl$）など陰イオンの定量である。

6・3・1 沈殿の生成機構

重量分析は，図6・1，図6・2の手順で行われる。そこでは，できるだけ純粋な沈殿を作り，効率的にろ過して分離することが重要である。そ

図6・1 沈殿の作製法

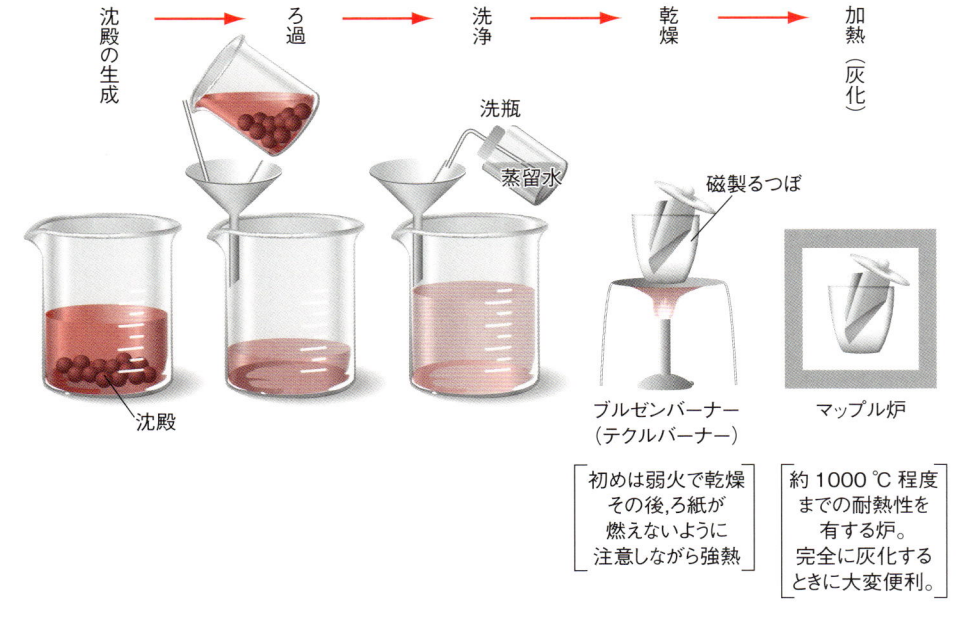

図6・2 沈殿重量分析法

のためには，沈殿粒子が成長する過程で不純物イオンを包み込む吸蔵や混晶・共沈などをできるだけ抑えると共に，ある程度の大きさの結晶にする必要がある。これより，沈殿の生成機構を考えてみよう。

沈殿粒子の成長は，過飽和状態になった溶液中で進行する。沈殿粒子が生成するためには，まず結晶の元となる核が生成しなければならない。過飽和の程度が低いときには，溶液中の微細なゴミやガラス容器の壁のキズなどが中心となってイオンの集合が起こり，不均質な核が発生する場合がある。

過飽和度が高いときには，溶液中のイオン同士が直接集合してクラスターが生成し，これが結晶核となる。結晶核がさらに成長してコロイド粒子を経て，沈殿粒子となる。ここで，溶液中に存在する過剰な方のイオンがコロイド粒子の表面で一次吸着層を形成するため，コロイド粒子はプラスまたはマイナスに帯電している。溶液中の逆符号のイオンが，さらにその上に吸着して二次吸着層を形成する（図6・3）。これらによって，沈殿が汚染されることがある。

沈殿を生成する際に用いる双方のイオン水溶液の濃度が高い場合には，初期に多くの結晶核が生成し，そこから成長する沈殿粒子の大きさは小さくなる。双方のイオン水溶液の濃度が低い場合には，結晶核の数が減少し，それに伴って大きな沈殿粒子まで成長できるようになる。また，溶液の温度を高くすることによって沈殿粒子を大きくできる。

ろ過や洗浄を行う際には，沈殿粒子が大きい方が都合がよい。そのため，あらかじめイオン溶液の濃度を下げ，よく撹拌しながらそれらをゆっくりと混合する。また，多くの沈殿は酸性側でモル溶解度が大きいので，できるだけ酸性条件下で沈殿生成を行った方がよい。

● 発展学習 ●
金属硫化物について，溶液のpHによって溶解度がどのように変化するか考えてみよう。

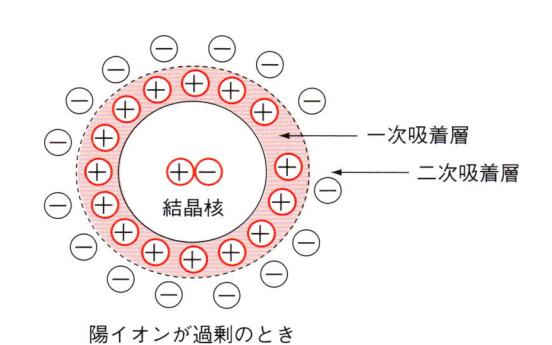

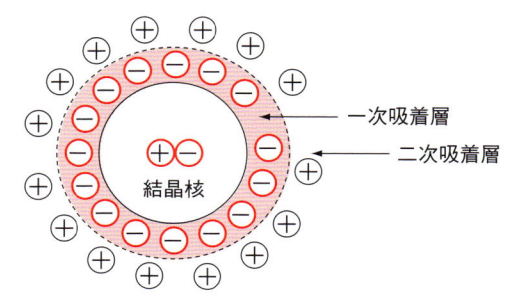

図6・3　沈殿粒子表面の電荷の様子

6・3・2 沈殿の熟成

生成した沈殿を含む溶液をしばらく加熱することによって，不完全だった結晶を完全で大きな結晶とすることができる。この操作を熟成と呼んでいる。熟成の過程では，結晶表面に吸着している不純物（難溶性塩を構成しない他のイオンなど）の放出が起こるため，沈殿の純度も向上する。ただし，難溶性塩が沈殿する際，溶液内にその難溶性塩を構成するイオンとイオン半径が近い異種イオンが存在している場合，その異種イオンが結晶格子内に取り込まれて共沈することがある。共沈した異種イオンはろ過や洗浄では除くことが難しいので，あらかじめ除去しておくことが望ましい。

6・3・3 沈殿のろ過

続いて，ろ過操作によって，沈殿と溶液（ろ液）を分離する。ろ液に沈殿剤溶液（定量目的イオンと難溶性塩を生成するイオンを含む溶液）を滴下し，これ以上の沈殿が生じないことを確認する必要がある。ろ過には，ろ紙を用いる場合とグラスフィルターを用いる場合がある。ろ紙を用いる場合には，乾燥は磁製るつぼで強熱することによって行う。その際，化学形が変化する場合があるので注意が必要である。また，るつぼ表面は水が吸着しているので，あらかじめ空のるつぼを強熱して恒量化しておかなければならない。グラスフィルターを用いる場合の乾燥は，空気浴や真空デシケータで行われている。化学形の変化をよく考えて，まず得られた沈殿の分子量（式量）より沈殿中の目的成分の物質量を求め，元の試料濃度（含量）を計算する。

6・4 沈殿滴定法

難溶性塩を生成する金属イオンおよび陰イオンについて，適用することができる。ただし，これについても精度や手順の点から，金属イオンの定量を行いたい場合にはキレート滴定を用いることが多く，沈殿滴定が適用されることはほとんどない。塩化物イオンをはじめとするハロゲン化物イオンおよびチオシアン酸イオンなどの定量が行われており，それぞれモール法およびフォルハルト法と呼ばれている。

沈殿滴定法は，重量分析ではなく容量分析の一種である。しかし，沈殿の関与する分析法であるので，ここで説明する。

6・4・1 モール法

モール法は，クロム酸カリウム K_2CrO_4 溶液を指示薬として滴定の終点を検知するハロゲン化物イオンの容量分析法である。以下に手順を簡単に説明する。まず，塩化物イオンを含む一定体積の溶液を採取する。

モール法：Mohr's method

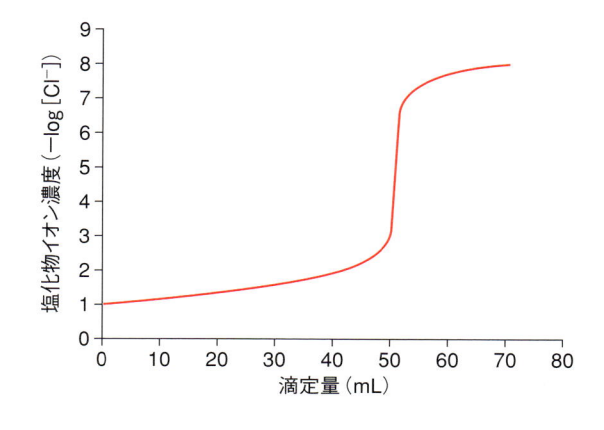

図 6・4 AgNO₃ 水溶液による塩化物イオン水溶液の滴定
0.10 mol/L AgNO₃ 水溶液滴下による塩化物イオン濃度（初濃度：0.10 mol/L，容量：50 mL）の変化。

そこへ，指示薬としてクロム酸カリウム溶液（黄色）を少量添加してから，既知濃度の銀イオン溶液（一般的には硝酸銀溶液）をビュレットから滴下していく。ここで，銀イオンは塩化物イオンともクロム酸イオンとも難溶性塩を生成する。しかし，そのモル溶解度は同じでなく，塩化銀の方が小さい値である（同じ型の塩でないため，溶解度積の値は逆にクロム酸銀の方が小さい）。すなわち，銀イオン溶液の滴下によりまず塩化銀（白色）の沈殿が生じる。そして，溶液中の塩化物イオンと銀イオンが当量に達したところで，溶液中の塩化物イオンがほとんど 0 となる（**図 6・4**）。それから，溶液中の銀イオン濃度は急激に上昇し，過剰に存在する銀イオンはクロム酸イオンと反応してクロム酸銀（暗赤色）の沈殿を生じる。この白色から赤色への変化によって，滴定の終点を知ることができる。ただし，塩化銀とクロム酸銀のモル溶解度の差が小さいため，添加するクロム酸カリウムの量によっては滴定量（定量値）に誤差が生じやすい。空実験や既知濃度の塩化物イオン溶液を用いてあらかじめ精度を検討しておくべきである。

6・4・2 フォルハルト法

フォルハルト法：Vorhard method

　フォルハルト法は，一定体積の既知濃度の銀イオン溶液を未知濃度のチオシアン酸イオン SCN^- を含む溶液で滴定し，チオシアン酸銀 AgSCN の沈殿生成を利用している。指示薬として鉄(Ⅲ)イオンを含む溶液（一般的には飽和の鉄ミョウバン水溶液）を用いると，鉄(Ⅲ)イオンがわずかに過剰のチオシアン酸イオンと錯イオン（赤色）を生成することで終点を検知することができる。

　これらの方法は，難溶性塩を生成する陽イオンと陰イオンとの反応において，一方の溶液（例えば陽イオン溶液）に他方の溶液（例えば陰イオン溶液）を少しずつ加えていくと，当量点前後で溶液中のイオン濃度（陽イオン濃度）が大きく減少することを用いている。

● この章で学んだ主なこと

- [ ] 1　最も一般的な定量法である沈殿法の操作手順。
- [ ] 2　難溶性の沈殿の生成過程と沈殿の純度を向上させる方法。
- [ ] 3　溶解平衡より，その平衡定数である溶解度積を導く方法。
- [ ] 4　溶解度積からモル溶解度を求める，またはモル溶解度から溶解度積を求める方法。
- [ ] 5　難溶性塩のみの溶液中における，難溶性塩を構成する陽イオンと陰イオンのモル濃度を求める方法。
- [ ] 6　難溶性塩以外の塩が共存している溶液中における，近似を用いて難溶性塩を構成する陽イオンと陰イオンのモル濃度を求める方法（共通イオン効果）。
- [ ] 7　重量分析の計算方法。
- [ ] 8　沈殿滴定の種類，適用される例，操作手順と計算方法。

● 演習問題 ●

1　塩化銀 AgCl およびクロム酸銀 Ag_2CrO_4 の溶解平衡と溶解度積を示せ。

2　塩化銀とクロム酸銀のモル溶解度を示せ。ただし，それらの溶解度積はそれぞれ $K_{sp}=2.4\times10^{-10}$, $K_{sp}=1.9\times10^{-12}$ とする。

3　1.0×10^{-3} mol/L のタリウムイオン Tl^+，2.0×10^{-3} mol/L の鉛イオン Pb^{2+}，3.0×10^{-3} mol/L の銀イオン Ag^+ を含む溶液がある。そこへ，塩化ナトリウム粉末を少量ずつ加えていくとき，これらの沈殿が起こる順番を求めよ。ただし，塩化タリウムの $K_{sp}=3.5\times10^{-4}$，塩化鉛の $K_{sp}=8.3\times10^{-5}$，塩化銀の $K_{sp}=1.8\times10^{-10}$ とする。

4　1.0×10^{-3} mol/L のカルシウムイオンと 5.0×10^{-3} mol/L のバリウムイオンを含む溶液がある。そこへ，硫酸ナトリウム粉末を少量ずつ加えていく。生じる沈殿の溶解平衡式および溶解度積の式を書け。このとき，最初に沈殿を生じるのはどちらのイオンか。また，最初のイオンの沈殿が生じるとき，溶液中の硫酸イオン濃度はどれぐらいか。次に，二番目のイオンの沈殿が生じるとき，溶液中の硫酸イオン濃度はどれぐらいか。さらに二番目のイオンの沈殿が生じるとき，溶液中に残っている最初に沈殿を生じたイオンの濃度はどれぐらいか，それぞれ求めよ。ただし，硫酸カルシウムの $K_{sp}=2.4\times10^{-5}$，硫酸バリウムの $K_{sp}=1.0\times10^{-10}$ とする。

5　濃度のわからない塩化バリウム溶液 100 mL に少し過剰の硝酸銀溶液を加えて沈殿を生成させた。その沈殿をろ別・乾燥し，重量を測定したところ 0.6437 g であった。この塩化バリウム溶液のモル濃度を求めよ。また，沈殿を生成させるために，硝酸銀溶液の代わりに硫酸ナトリウム溶液を用いた。この場合に得られる沈殿の重量を求めよ。原子量はそれぞれ Ag 107.9，Cl 35.5，Ba 137.3，S 32.1，O 16.0 とする。

6　濃度のわからない塩化ナトリウム溶液 25 mL をビーカーにとり，少量のクロム酸カリウム溶液を加えた。そこへビュレットから 0.500 mol/L の硝酸銀溶液で滴定したところ，12.45 mL を要した。なお，同条件で空実験を行ったところ，0.15 mL を要した。これらのデータより，塩化ナトリウム溶液のモル濃度を求めよ。また，空実験が必要な理由を述べよ。

第Ⅲ部　化学分析

第7章

酸化還元分析

● 本章で学ぶこと

　酸化・還元は化学反応の中でも最も大切な反応の一つである。一般に酸化・還元は酸素の授受を基準にして考えられることが多いが，それだけではない。水素，電子などの授受によっても行われる。また，金属が酸などの溶液に溶け出すことも酸化還元反応の一種である。

　酸化と還元は同じ現象の裏表であり，AとBの反応でAが酸化されればBは還元されており，Aが還元剤として働けばBは酸化剤として働いている。

　酸化・還元を考えるときには酸化数を用いると便利である。

　酸化還元反応を利用して濃度未知試料の濃度を決めることができる。これを酸化還元滴定という。

　本章ではこのようなことを見ていこう。

7・1　酸化還元反応

　酸素と結合することを **酸化** されるといい，酸素を離すことを **還元** されるという。酸化・還元を詳細に見てみよう。

7・1・1　酸化・還元

　①"鉄が酸化して錆びた"，②"酸化剤が鉄を酸化した"。どちらも日常的に使われる言葉である。しかし"酸化する"という動詞を①では自動詞，②では他動詞として使っている。これでは酸化・還元という概念が明確にならない。

　本書では"酸化する"という動詞をもっぱら他動詞として用いることにする。したがって①は"鉄が酸化されて錆びた"ということになる。

7・1・2 酸化数

酸化・還元を考えるときには**酸化数**を用いると便利である。酸化数はイオンの価数に似ているが違うものである。酸化数の求め方をみてみよう。

① 単体の酸化数は 0 とする。

　H_2 の H，O_2 の O の酸化数は 0 である。

② イオンの酸化数はその価数とする。

　Al^{3+} の酸化数は $+3$，Cl^- の酸化数は -1 である。

③ 共有結合分子 AB では，電気陰性度の大きい原子 A に 2 個の結合電子を割り振り，A の酸化数を -1，B の酸化数を $+1$ とする。

　HBr の H は $+1$，Br は -1 である。

④ 分子における O の酸化数は -2，H の酸化数は $+1$ とする。例外として H_2O_2 中の O（-1），NaH 中の H（-1）などがある。

⑤ 中性の分子を構成する原子の酸化数の総和は 0 とする。

　この関係を使うと全ての原子の酸化数を決めることができる。

A　HNO_3 の N の酸化数を求めよう

　　N の酸化数を X とすると，H，O の酸化数はそれぞれ $+1$，-2 だから次の式が成り立つ。$1 + X + (-2 \times 3) = 0$　したがって $X = 5$ となり，N の酸化数は $+5$ となる。

B　NH_3 の N の酸化数を求めよう

　　N の酸化数を X とすると，$X + 3 = 0$ から $X = -3$

　このように，同じ原子が異なる酸化数を取ることはよくあることである。例えば炭素は，$CH_4(-4)$，$CO_2(+4)$，CO（$+2$）のように，3 種類の酸化数をとる。

$$1 + X + (-2 \times 3) = 0$$
水素　窒素　酸素
$$\therefore X = +5$$

$$X + 3 = 0$$
$$\therefore X = -3$$

$$X + 4 = 0$$
$$\therefore X = -4$$

$$X + (-2 \times 2) = 0$$
$$\therefore X = +4$$

$$X + (-2) = 0$$
$$\therefore X = +2$$

7・2 酸化数と酸化・還元

酸化還元反応は酸素，水素，電子などが関与し，一見複雑そうな反応であるが，酸化数を用いると簡単に理解することができる。

7・2・1 酸化数と酸化・還元

酸化数を用いると酸化還元反応は次のように表現される（図7・1）。
○酸化される：酸化数が増加すること
○還元される：酸化数が減少すること
例を見てみよう。

A　酸素との反応　$C + O_2 \rightarrow CO_2$

Cの酸化数は0から+4に増加している。したがってCは酸化された。

B　水素との反応　$C + 2H_2 \rightarrow CH_4$

Cの酸化数は0から-4に減少している。したがってCは還元された。

C　電子との反応

○ $Cl_2 + 2e \rightarrow 2Cl^-$：Clの酸化数は0から-1に減少し，還元された。

○ $Na \rightarrow Na^+ + e$：Naの酸化数は0から+1に増加し，酸化された。

このように，酸素と結合すると酸化され，水素と結合すると還元されることになる。また電子と結合すると還元され，電子を放出すると酸化されることになる。

図7・1　酸化数と酸化還元反応

7・2・2 酸化剤・還元剤

酸化剤とは相手を酸化するもの，**還元剤**とは相手を還元するものであるが，酸化数を用いると次のように表現される。

○酸化剤：相手の酸化数を増大させ，自分自身の酸化数を減少させるもの。
○還元剤：相手の酸化数を減少させ，自分自身の酸化数を増加させるもの。

前項で見たように，酸素，水素，電子の移動は酸化還元反応である。これらの移動と，酸化・還元，酸化剤・還元剤の間の関係をまとめると

● 発展学習 ●
家庭にある酸化剤，還元剤にはどのようなものがあるか調べよう。

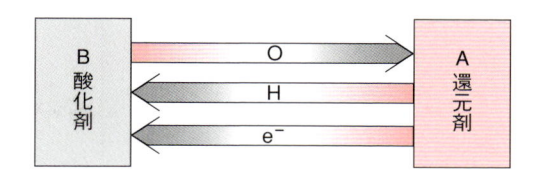

図7・2 酸化と還元，酸化剤と還元剤の関係

BはAを酸化した：Bは酸化剤
AはBを還元した：Aは還元剤

図7・2のようになる。

例を見てみよう。

A　酸素との反応　$C + O_2 \rightarrow CO_2$

炭素は酸化されている。また，酸素は$0 \rightarrow -2$へ還元されている。したがって酸素は酸化剤である。

B　水素との反応　$C + 2H_2 \rightarrow CH_4$

炭素は還元されている。また，水素は$0 \rightarrow +1$へ酸化されている。したがって水素は還元剤である。

酸化剤・還元剤のいくつかを表7・1に示した。

表7・1　酸化剤・還元剤の酸化力・還元力

酸化剤	O_3	$O_3 + 2H^+ + 2e^-$	$\longrightarrow$	$O_2 + H_2O$
	H_2O_2	$H_2O_2 + 2H^+ + 2e^-$	$\longrightarrow$	$2H_2O$
	Cl_2	$Cl_2 + 2e^-$	$\longrightarrow$	$2Cl^-$
	O_2	$O_2 + 4H^+ + 4e^-$	$\longrightarrow$	$2H_2O$
	HNO_3（希）	$HNO_3 + 3H^+ + 3e^-$	$\longrightarrow$	$NO + 2H_2O$
	HNO_3（濃）	$HNO_3 + H^+ + e^-$	$\longrightarrow$	$NO_2 + H_2O$
	H_2SO_4（濃）	$H_2SO_4 + 2H^+ + 2e^-$	$\longrightarrow$	$SO_3 + 2H_2O$
還元剤	H_2O_2	H_2O_2	$\longrightarrow$	$O_2 + 2H^+ + 2e^-$
	SO_2	$SO_2 + 2H_2O$	$\longrightarrow$	$SO_4^{2-} + 4H^+ + 2e^-$
	Li	Li	$\longrightarrow$	$Li^+ + e^-$

（↑酸化力大　↓還元力大）

7・3　イオン化と電池

ある種の金属を酸に入れると溶ける。これは金属が電子を放出し，陽イオンになったのである。金属のこの現象を利用したのが電池である。

7・3・1　イオン化傾向

硫酸銅$CuSO_4$の青い水溶液に亜鉛板Znを入れると，亜鉛板は発熱して溶け出し，やがて亜鉛板の表面が赤くなる。これはZnがZn^{2+}として溶け出し，代わりに青い銅イオンCu^{2+}が電子を受け取って赤い金属銅

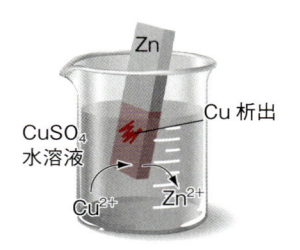

図7・3　亜鉛と銅のイオン化

図7・4 銀と銅のイオン化

イオン化傾向に金属ではないHが入っているのは基準のためである。

Cuとなり亜鉛板の表面に析出したことによる。この結果は、ZnとCuを比べるとZnの方がイオン化しやすいことを示す（図7・3）。

次に硫酸銅水溶液に銀板Agを入れてみよう。この場合には変化は何も起こらない。これは、AgはCuよりイオン化しにくいことを示す（図7・4）。

各種の金属を用いて同様の実験を繰り返すと、金属の間でイオン化しやすさの順序をつけることができる。このような順序を**イオン化傾向**という（図7・5）。イオン化傾向の大きい金属ほどイオン化しやすいことになる。

金属の酸化数は0であり、金属陽イオンの酸化数はプラスの値である。すなわち、金属が溶け出すことは金属が酸化されることを意味する。したがってイオン化傾向は金属の酸化されやすさの順序でもある。

$$K > Ca > Na > Mg > Al > Zn > Fe > Ni > Sn > Pb > (H) > Cu > Hg > Ag > Pt > Au$$

イオン化傾向

図7・5 イオン化傾向

7・3・2 電池

●発展学習●
ボルタ電池と乾電池のしくみを調べよう。

電流の流れる方向は電子の移動する方向と反対に定義されている。したがって電流は銅板から亜鉛板に流れたことになる。

ダニエル電池：Daniell cell

図7・6は、容器を素焼き板で仕切り、片方に硫酸亜鉛$ZnSO_4$水溶液と亜鉛板、もう片方に硫酸銅水溶液と銅板を入れたものである。ZnはZn^{2+}として溶液中に溶け出すので亜鉛板上には電子e^-が残る。ここで亜鉛板と銅板を導線でつなぐと電子は亜鉛板から銅板に移動する。電子の移動は電流である。したがってこの現象は電流が流れたことを意味する。

銅板上に移動した電子は銅イオンが受け取って金属銅となって銅板上に析出する。このような装置は化学反応（金属のイオン化）を電流に換えたものであり、電池と呼ばれる。ここで見た電池は発明者の名前を取って特に**ダニエル電池**と呼ばれる。

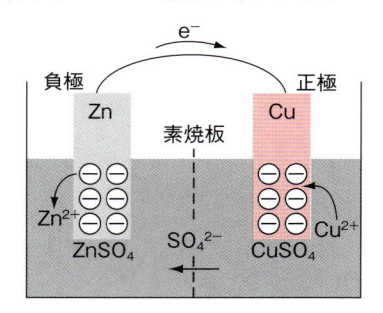

負極: $Zn \longrightarrow Zn^{2+} + 2e^-$

正極: $Cu^{2+} + 2e^- \longrightarrow Cu$

図7・6 ダニエル電池

7・4 起電力

電池の発電する能力を**起電力**という。乾電池の起電力は 1.5 V である。

7・4・1 半電池

ダニエル電池は全体で 1 個の電池であり，素焼き板で仕切った各々は電池の半分と見ることもできる。このようなものを**半電池**という。

ダニエル電池の起電力は 1.10 V である。ということは，各半電池の起電力の和（差）が 1.1 V であるということである。各半電池の起電力はいくらなのであろうか。このような疑問に答えるためには標準となる電極を用いることが必要となる。

このような電極として用いられるのが標準水素電極である（図 7・7）。標準水素電極は水素イオン H^+ が還元されることに基づく半電池であり，この起電力を 0 V と定義することにする。

7・4・2 標準電極電位

標準水素電極と半電池の間の起電力を**標準電極電位**と呼ぶ。いくつかの半電池の起電力を表 7・2 にまとめた。標準電極電位は還元反応に基づく起電力をプラスに取るように定義している。したがって酸化反応に基づく起電力はマイナスになる。

ダニエル電池は Cu^{2+} の還元と Zn の酸化に基づく電池である。Cu の起電力は $+0.337$ V であり，Zn の起電力は -0.7628 V である。したがって電池全体としてはこの差（絶対値の和）となり，約 1.1 V となるのである（図 7・8）。

理論的にいえば，標準電極は何でもよいのだが，事実上，例外を除いて標準電極には水素電極を用いる。

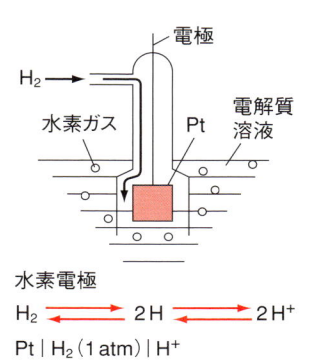

図 7・7 標準水素電極
ガラス円筒内に白金板をつけた白金線をつるしたものである。円筒内に水素ガスをバブルさせる。

$H_2 \rightleftarrows 2H \rightleftarrows 2H^+$
$Pt \mid H_2 (1\,atm) \mid H^+$

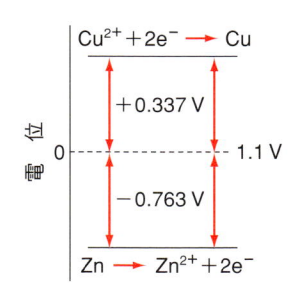

図 7・8 ダニエル電池の起電力

表 7・2 さまざまな半電池の標準電極電位（起電力）

電極	電極反応	$E°/V$
$Li^+ \mid Li$	$Li^+ + e^- = Li$	-3.045
$OH^- \mid H_2, Pt$	$2H_2O + 2e^- = H_2 + 2OH^-$	-0.82806
$Zn^{2+} \mid Zn$	$Zn^{2+} + 2e^- = Zn$	-0.7628
$H^+ \mid H_2, Pt$	$2H^+ + 2e^- = H_2$	0
$Cu^{2+} \mid Cu$	$Cu^{2+} + 2e^- = Cu$	$+0.337$
$Fe^{3+} \mid Fe$	$Fe^{3+} + e^- = Fe^{2+}$	$+0.77$
$Ce^{4+} \mid Ce$	$Ce^{4+} + e^- = Ce^{3+}$	$+1.61$

7・4・3 ネルンストの式

イオン A^{n+} と n 個の電子 e^- が反応すると A になる（反応式 7・1）。この反応の起電力は式 7・1 で表される。ここで $E_A°$ は A^{n+} の標準電極電位，F はファラデー定数，n は反応に関与する電子数である。この式を発見者の名前を取って**ネルンストの式**という（9・1・2 項）。

ネルンストの式：Nernst equation

$$A^{n+} + ne^- \rightarrow A \qquad \text{反応式 7・1}$$

$$E = E_A° - \frac{RT}{nF} \ln \frac{[A]}{[A^{n+}]} \qquad (\text{式 7・1})$$

7・5 酸化還元滴定

酸化還元反応を用いて濃度未知試料溶液の濃度を測定することを**酸化還元滴定**という。

7・5・1 酸化還元反応

Fe^{2+} 溶液の濃度を Ce^{4+} によって決定することを考えてみよう。具体的には Fe^{2+} を含む試料溶液を Ce^{4+} を含む標準溶液によって滴定することになる。

滴定に伴う酸化還元反応は反応式 7・2 となる。この反応は式 7・2，7・3 に分解して考えることができる。すなわち Fe^{2+} が Fe^{3+} に酸化される反応（式 7・2）と Ce^{4+} が Ce^{3+} に還元される反応（式 7・3）である。

$$Fe^{2+} + Ce^{4+} \rightleftharpoons Fe^{3+} + Ce^{3+} \qquad \text{反応式 7・2}$$

$$Fe^{2+} \rightleftharpoons Fe^{3+} + e^- \qquad (\text{式 7・2})$$

$$Ce^{4+} + e^- \rightleftharpoons Ce^{3+} \qquad (\text{式 7・3})$$

7・5・2 滴定

滴定の進行に伴う系の電位変化は**図 7・9**に示したとおりである。中和滴定の場合と同様に，当量点の近傍で電位の大きな変動が見られる。当量点を知るためには系の電位を電位差計で測るのが簡便であるが，指示薬を用いることもある。そのような指示薬としてよく用いられるのがオルト（o-）フェナントロリンである。3 分子のフェナントロリンが 1 個の Fe^{2+} と反応して赤く呈色する（**図 7・10**）。

オルトフェナントロリンの発色は錯体（キレート）生成に基づくものである。

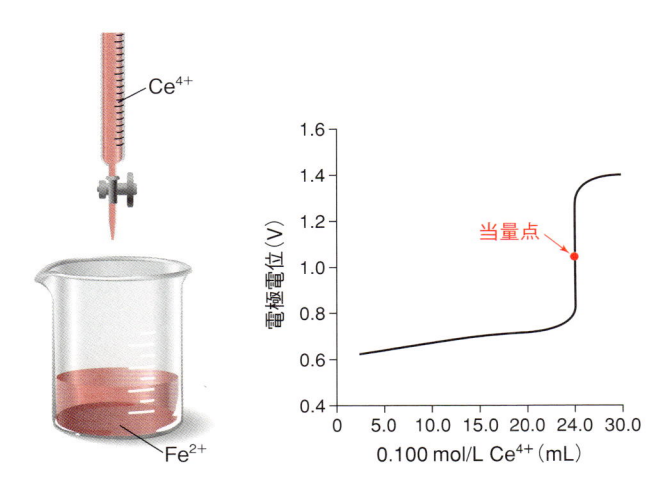

図7・9 滴定の進行に伴う系の電極電位変化

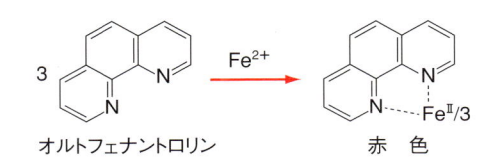

図7・10 フェナントロリンの呈色変化　オルトフェナントロリン　赤　色

参考　平衡定数と標準起電力

　鉄イオン Fe^{2+} とセリウムイオン Ce^{4+} は，反応式7・3のように酸化還元反応を起こして Fe^{3+} と Ce^{3+} となる。この反応に基づく起電力は式7・4で表される（ネルンストの式：7・4・3項）。

$$Fe^{2+} + Ce^{4+} \rightleftarrows Fe^{3+} + Ce^{3+} \qquad 反応式7・3$$

$$E = 0.84 - \frac{RT}{nF}\ln\frac{[Fe^{3+}][Ce^{3+}]}{[Fe^{2+}][Ce^{4+}]} \qquad (式7・4)$$

$$aA + bB \rightleftarrows cC + dD \qquad 反応式7・4$$

　一般式で書くと次のようになる。式7・5に反応式7・4の平衡定数 K を入れると式7・6になる。したがって $E°$ は式7・7で求めることになる。

$$E = E° - \frac{RT}{nF}\ln\frac{[C]^c[D]^d}{[A]^a[B]^b} \qquad (式7・5)$$

$$= E° - \frac{RT}{nF}\ln K \qquad (式7・6)$$

$$E° = \frac{RT}{nF}\ln K \qquad (式7・7)$$

　平衡状態では見かけ上の反応は起こらないので，電流も流れず，起電力も0 V となる。したがって式7・7が成立する。これは平衡反応の平衡定数が標準起電力 $E°$ から求めることができることを示すものである。

●この章で学んだこと

- □ 1　酸化還元を理解するには酸化数を用いるのが便利である。
- □ 2　酸化数はイオンの価数に似ているが，定義に従って計算によって求める。
- □ 3　酸化数が増加したら酸化されたということであり，減少したら還元されたということである。
- □ 4　酸化剤は相手を酸化するものであり，還元剤は相手を還元するものである。
- □ 5　金属がイオン化することは金属が酸化されることである。
- □ 6　イオン化傾向は金属のイオン化しやすさの順序を表す。
- □ 7　電池は金属のイオン化という酸化還元反応を電流に変える装置である。
- □ 8　金属のイオン化に伴う起電力を標準水素電極を基準として測ったものを標準電極電位という。
- □ 9　金属イオンを含む溶液の起電力はネルンストの式で求められる。
- □ 10　2種の金属によって構成される電池の起電力は各金属の標準電極電位の和（差）によって表される。
- □ 11　金属イオンを含む溶液の濃度は酸化還元滴定によって求めることができる。

●演習問題●

1 次の原子の酸化数を求めよ。
 a) Al^{3+}　　b) O^{2-}　　c) O_3　　d) ダイヤモンド（C）

2 次の分子中の原子の酸化数を求めよ。
 a) 硫酸 H_2SO_4 における S　　b) 塩化メチル CH_3Cl における C

3 次の反応において下線を付した原子は酸化されたか還元されたかを答えよ。
 a) $\underline{C}H_4 + O_2 \rightarrow \underline{C}O_2 + H_2O$　　b) $\underline{Fe}_2O_3 + 2Al \rightarrow 2\underline{Fe} + Al_2O_3$

4 次の反応における酸化剤と還元剤を指摘せよ。
 $Fe_2O_3 + 2Al \rightarrow 2Fe + Al_2O_3$

5 硫酸と硫酸銅（Ⅱ）の混合溶液に電子を与えて還元したら何が生じるか答えよ。

6 濃度未知の Fe^{2+} 溶液 100 mL を濃度 1 mol/L の Ce^{4+} 溶液で滴定したところ 10 mL を要した。Fe^{2+} 溶液の濃度を求めよ。

第Ⅲ部 化学分析

第8章

錯体生成分析

●本章で学ぶこと

錯体は，金属イオンを中心にして，その周囲を陰性または中性の配位子が一定の構造を持って配位結合によって結合したものである。

錯体は，主に正八面体6配位構造，正四面体4配位構造，平面4配位構造などの立体構造をとる。錯体生成も平衡反応で，それを錯体生成平衡と呼び，その平衡定数を安定度定数と呼ぶ。水溶液中の水和イオンも広い意味の錯体（錯イオン）である。すなわち，水溶液中での反応を考えるためには，錯体生成平衡を知っている必要がある。HSAB則およびアービング-ウィリアムス系列により錯体における配位結合の強さを予想することができる。また，錯体生成反応を利用して水溶液中の金属イオンの濃度を定量する方法としてキレート滴定法がある。

本章では，これらのことについて学んでいこう。

8・1 錯体の種類と構造

錯体とは，一般的に金属イオンを中心にして，その周囲を陰性または中性の配位子が一定の構造を持って配位結合によって結合したもので，配位化合物と呼ばれることもある。

8・1・1 配位子と金属錯体

配位子とは，酸素，硫黄，窒素，リンなどの非共有電子対を有しているドナー原子を含む分子またはイオンである。水，アセチルアセトンやカルボン酸イオンなどの酸素ドナーを有する化合物とイオン，アンモニア，アルキルアミンやピリジンなどの窒素ドナーを有する化合物とイオン，およびそれらを組み合わせた化合物などが代表的である。ハロゲン化物イオンも配位子となることができる。金属イオンは，遷移金属イオン

ドナー原子：$-\overset{..}{\underset{..}{O}}:$，$-\overset{|}{\underset{|}{N}}:$ など非共有電子対を有し，それをアクセプター（金属イオンなど）に供与することによって，配位結合を作ることができる。

第一遷移金属：周期表で第3族元素から第11族元素の間にある元素を遷移金属と呼ぶが，そのうちの Sc〜Cu（Zn を含むこともある）が第一遷移金属である。3d 遷移元素ともいわれる。

3d：3d 電子軌道のことで，第一遷移金属では原子番号の増加と共にこの軌道に順次電子が入っていく。

（主に銅，ニッケル，鉄，コバルトイオンなどの第一遷移金属イオン）の場合が多い。広い意味では，これらの金属イオンを含む水溶液中の水和イオンも錯体と考えてよい。

電子供与体（donor）であるルイス塩基の配位子と電子受容体（acceptor）であるルイス酸の金属イオンとの間の結合を**配位結合**と呼ぶが（ルイス酸・塩基については3・2・1項参照），ここで配位結合についてもう少し考えてみよう。共有結合では，電子不足の二つの原子（例えば，H と H，H と C，C と C）が互いに一つの電子を出し合い，二つの原子がそれぞれの電子を共有することによって化学結合を生成している。この出し合われた電子二つで，一つの結合（σ結合とπ結合）となる。配位結合は，このように電子二つで結合ができるところは共有結合とよく似ているが，電子不足の金属イオンへ配位子のドナー原子から一方的に電子供与されるところが異なっている。

8・1・2 HSAB 則とアービング–ウィリアムス系列

HSAB 則（Hard and Soft Acids and Bases rule；3・2節参照）によっ

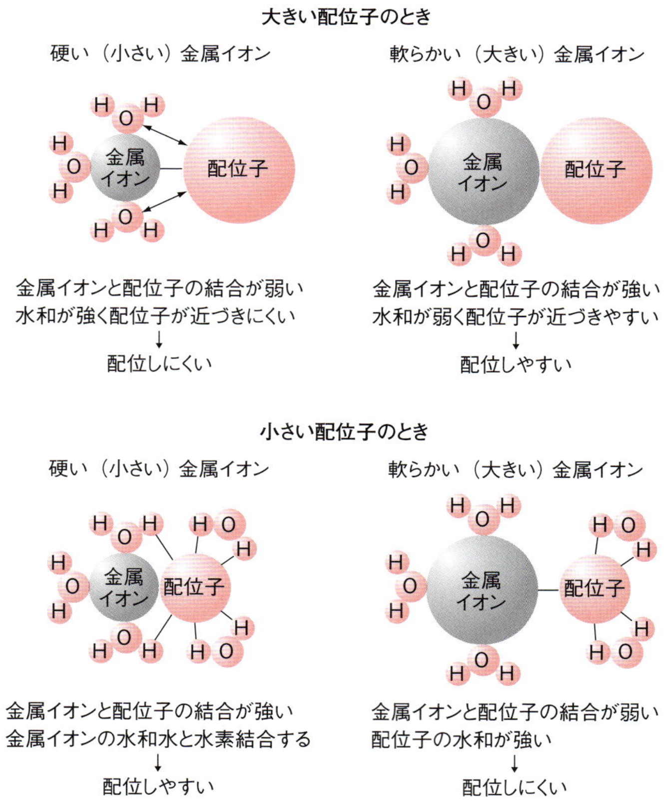

大きい配位子のとき

硬い（小さい）金属イオン　　　　軟らかい（大きい）金属イオン

金属イオンと配位子の結合が弱い　　金属イオンと配位子の結合が強い
水和が強く配位子が近づきにくい　　水和が弱く配位子が近づきやすい
　　　　↓　　　　　　　　　　　　　　↓
　　配位しにくい　　　　　　　　　　配位しやすい

小さい配位子のとき

硬い（小さい）金属イオン　　　　軟らかい（大きい）金属イオン

金属イオンと配位子の結合が強い　　金属イオンと配位子の結合が弱い
金属イオンの水和水と水素結合する　配位子の水和が強い
　　　　↓　　　　　　　　　　　　　　↓
　　配位しやすい　　　　　　　　　　配位しにくい

図 8・1　HSAB 則

て，配位結合の強さの程度を予想することができる。硬い金属イオンは，軟らかい塩基よりも硬い塩基と強く相互作用し，軟らかい金属イオンは硬い塩基よりも軟らかい塩基と強く相互作用する（図8・1）。例えばアンモニアやアルキルアミンは水やカルボン酸イオンより軟らかい塩基であり，中間的な硬さの酸である遷移金属イオンにより強く配位する。また，配位結合はイオン結合性と共有結合性をともに有しており，配位子と金属イオンとの組み合わせによってイオン結合性が強い場合と共有結合性が強い場合がある。

2価の第一遷移金属イオンについて，酸素または窒素をドナー原子とする配位子との配位の強さ（安定度定数の大きさ）の順に金属イオンを並べた，**アービング-ウィリアムス系列**が報告されている。

$$Mn^{2+} < Fe^{2+} < Co^{2+} < Ni^{2+} < Cu^{2+} > Zn^{2+}$$

これは，金属イオンの半径の小さい順（Cu^{2+} についてはヤーン-テラーの歪みがあり，平面方向の短い方で比較している）と同じであり，結晶場安定化エネルギーを使って定性的に説明することができる。

> アービング-ウィリアムス系列：Irving-Williams series
>
> Cu^{2+} は d^9（d 軌道に9つの電子を有している）であり，本文に述べたようにヤーン-テラーの歪みによって垂直方向が伸びている。$Mn^{2+} \sim Zn^{2+}$ へいくにつれて平均イオン半径は小さくなっていくが，平面方向のみで比較すると Cu^{2+} と Zn^{2+} の順序が入れかわる。詳しくは成書を参照してほしい。

8・1・3　錯体の構造

遷移金属イオンへ配位子が配位するとき，金属イオンと配位子の組み合わせによって配位数と配位結合の方向が決定される。配位子の接近によって，ドナー原子の非共有電子対と遷移金属イオンのd電子軌道との間で相互作用が生じる。配位子の遷移金属イオンへの配位は，多くの場合対称的に起こり，錯体は正八面体6配位構造，正四面体4配位構造，平面4配位構造などの立体構造をとる（図8・2）。

> ● 発展学習 ●
> 錯体の立体構造と，その色との関係を調べてみよう。

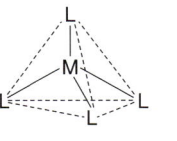

図8・2　金属錯体の主な配位構造

正四面体4配位構造　　平面4配位構造　　三角両錘5配位構造

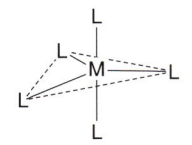

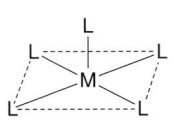

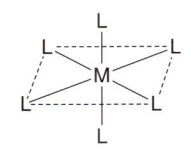

四角錘5配位構造　　正八面体6配位構造

8・2　錯体生成平衡と安定度定数

金属錯体を生成する反応も平衡反応であり，一般的に生成する方向を正反応とする。これらは，錯体生成平衡と呼ばれる。

8・2・1 逐次平衡反応と全平衡反応

銅(Ⅱ)イオンを含む水溶液にアンモニア水を加えていくと，最初に淡青色の水酸化銅(Ⅱ) $Cu(OH)_2$ の沈殿が生じ，さらに加え続けると沈殿が溶解し溶液が濃青色に変化する。銅(Ⅱ)イオンに対して大過剰量のアンモニアが加えられたとき，主に銅(Ⅱ)イオンの周りに四つのアンモニア分子が配位した錯イオンであるテトラアンミン銅(Ⅱ) $[Cu(NH_3)_4]^{2+}$ が生成する。この錯イオンが生成する反応も平衡反応であり，錯体生成平衡（錯生成平衡）と呼ばれている。$[Cu(NH_3)_4]^{2+}$ が生成する平衡は一段階で進行するわけではなく，配位子であるアンモニア分子が一つずつ配位していく4段階の平衡反応が連続して起こっている。これを逐次平衡反応と呼んでいる。そして，それぞれの逐次平衡反応に対して，逐次平衡定数（K_1, K_2, K_3, $\cdots$, K_n）がある。さらに，これらを組み合わせた全平衡反応があり，それに対応する全平衡定数（β_1, β_2, β_3, $\cdots$, β_n）がある。錯体生成平衡における平衡定数を安定度定数と呼ぶこともある。

8・2・2 全平衡定数の応用

●発展学習●
銅(Ⅱ)-アンミン錯体の K_1, K_2, K_3, K_4 の値を用いて，それぞれの錯体の存在割合を求める式を導いてみよう。

全平衡反応は逐次平衡反応を組み合わせて求めることができるため，対応する全平衡定数も逐次平衡定数を組み合わせて，すなわち逐次平衡定数の積として求めることができる。この全平衡定数を用いて，逐次平衡反応で生じる各成分（銅(Ⅱ)-アンミン錯体では，$[Cu(NH_3)]^{2+}$, $[Cu(NH_3)_2]^{2+}$, $[Cu(NH_3)_3]^{2+}$, $[Cu(NH_3)_4]^{2+}$）の濃度や存在割合を計算することができる。一般的に，錯体生成平衡においてはいずれの逐次平衡定数も非常に大きいので，配位子を金属イオンに対して大過剰用いると最高配位の錯体が優先的に得られる。錯体（もしくは錯イオン）になった化学種は，金属イオン（厳密には水和イオン）とは異なった反応性を有している。そのため，溶解平衡での難溶性塩が生成されない，抽出平衡での有機溶媒への分配が増減する，などの現象が起こる。

8・2・3 条件生成定数

●発展学習●
弱酸である2座配位子Lの酸解離定数 K を用いて全安定度定数（β_2）におよぼす水素イオン濃度 $[H^+]$ の影響について考えてみよう。

多くの錯体生成平衡は，溶液のpHの影響を受ける。酸性溶液中では，H^+ イオンと金属イオンが競争反応すると考えられ，H^+ イオン濃度が非常に高い場合には金属イオンとは錯体生成反応が起こらなくなる。また，塩基性溶液中では，OH^- イオンと配位子が競争反応すると考えられ，OH^- イオン濃度が非常に高い場合にも金属イオンとは錯体生成反応が起こらなくなり，多くは金属水酸化物の沈殿が生成する。錯体生成反応が進行するpH領域は金属イオンの種類によって異なり，このことを利用して錯体生成反応の金属イオン選択性をコントロールすることもでき

る。このように H^+ イオンや OH^- イオンが錯体生成反応に関与することより，それらすべてを考慮した錯体生成反応を考えた**条件生成定数**（条件安定度定数）が算出されている。

＜逐次平衡式と逐次安定度定数（K）・全安定度定数（β）＞

$$M + L \xrightleftharpoons{K_1} ML$$

$$K_1 = \frac{[ML]}{[M][L]} \qquad \beta_1 = \frac{[ML]}{[M][L]}$$

$$ML + L \xrightleftharpoons{K_2} ML_2$$

$$K_2 = \frac{[ML_2]}{[ML][L]} \qquad \beta_2 = \frac{[ML_2]}{[M][L]^2}$$

$$ML_2 + L \xrightleftharpoons{K_3} ML_3$$

$$K_3 = \frac{[ML_3]}{[ML_2][L]} \qquad \beta_3 = \frac{[ML_3]}{[M][L]^3}$$

$$\vdots$$

$$ML_{n-1} + L \xrightleftharpoons{K_n} ML_n$$

$$K_n = \frac{[ML_n]}{[ML_{n-1}][L]} \qquad \beta_n = \frac{[ML_n]}{[M][L]^n}$$

＜全平衡式と全安定度定数と逐次安定度定数との関係＞

$$M + nL \rightleftharpoons ML_n$$

$$\beta_n = \frac{[ML_n]}{[M][L]^n} = \frac{[ML_n]}{[ML_{n-1}][L]} \cdot \frac{[ML_{n-1}]}{[M][L]^{n-1}}$$
$$= K_n \cdot \beta_{n-1} = K_n \cdot K_{n-1} \cdot \beta_{n-2} = K_n \cdot K_{n-1} \cdots K_3 \cdot K_2 \cdot K_1$$

8・3 キレート効果

　一分子中に金属イオンに配位できるドナー原子を複数もつ配位子が，複数の配位結合を形成して一つの金属イオンに配位してできた金属錯体を**キレート**と呼ぶ。また，キレートを生成できる多座配位子をキレート試薬と呼ぶこともある。

8・3・1　単座配位子と多座配位子

　配位子には，水やアンモニアなどのようにドナー原子を一つのみ有する単座配位子，エチレンジアミンやビピリジルなどのように二つ有する2座配位子，ジエチレントリアミンなどのように三つ有する3座配位子などがある。また，単座配位子に対して，2座以上の配位子を多座配位

● 発展学習 ●
多座配位子の例をいくつか挙げ，それらが作る金属錯体の立体構造を考えてみよう。

単座配位子の錯体

2座配位子の
キレート錯体

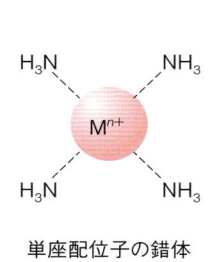

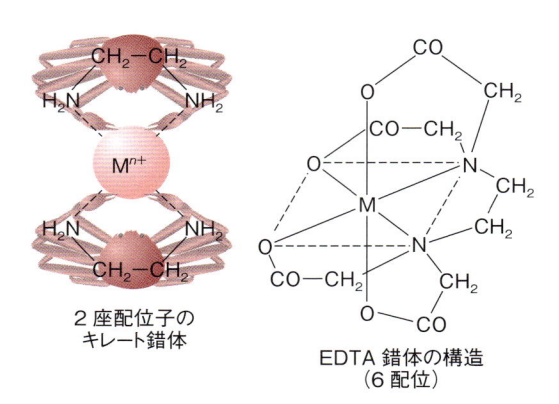

EDTA 錯体の構造
（6配位）

図 8・3　キレート

子と呼ぶこともある。多座配位子としては，6座配位子であるエチレンジアミン四酢酸（EDTA）が代表的である。

　ここで，一つの多座配位子は複数の金属イオンに配位することができるが，それよりも一つの金属イオンに同時に複数のドナー原子が配位するのが一般的である。それにより，金属イオンを含む環が形成されることになり，これをキレートと呼んでいる（**図 8・3**）。キレートは二重結合がないときは5員環が，二重結合があるときは6員環が最も安定であるとされている。

キレート（chelate）：ギリシャ語 χηλή（カニのハサミ）が語源。2座配位子が金属イオンに配位している構造がカニが二つのハサミを使って物をつかんでいる姿に似ていることから名づけられた。

8・3・2　キレート効果

　同様のドナー原子を有していても，一般的に単座配位子（例えば，アンモニアやメチルアミン）よりも，多座配位子（エチレンジアミンやジエチレントリアミン）の方が安定な錯体を生成する。これを，**キレート効果**と呼んでいる。これは，次のように説明できる。まず，水溶液中の2価の金属イオンは，一般的には M^{2+} と表されているが，実際は六つの水分子にとり囲まれた水和イオン $[M(OH_2)_6]^{2+}$ である。ここへ単座配位子であるアンモニアが加えられると，配位した水分子との置換反応が起こる（この置換反応は，平衡反応である）。すべての水分子がアンモニアに置換されると，ヘキサアンミン錯体 $[M(NH_3)_6]^{2+}$ が生成する。このとき，反応前後で錯イオンを含む全分子数はともに7分子で変化がなく，反応進行によるエントロピーの増大はない。

$$[M(OH_2)_6]^{2+} + 6NH_3 \rightleftharpoons [M(NH_3)_6]^{2+} + 6H_2O$$

次に，アンモニアの代わりに2座配位子であるエチレンジアミン（en）を用いた場合では，

$$[M(OH_2)_6]^{2+} + 3en \rightleftharpoons [M(en)_3]^{2+} + 6H_2O$$

反応前の全分子数4分子が反応後に7分子となり，反応進行によりエントロピーの増大がもたらされる．さらに，3座配位子であるジエチレントリアミン（trien）および6座配位子のエチレンジアミン四酢酸（H_4edta）の場合では，反応前がそれぞれ3および2分子だったものが，反応後に7分子となっている．反応進行によるエントロピーの増大が，さらに際立つことになる．

$$[M(OH_2)_6]^{2+} + 2\,trien \rightleftarrows [M(trien)_2]^{2+} + 6\,H_2O$$
$$[M(OH_2)_6]^{2+} + edta^{4-} \rightleftarrows [M(edta)]^{2-} + 6\,H_2O$$

一般的には化合物名の略号にはEDTAのように大文字で書かれる方が多いが，反応式中に入れるときは，小文字が使用される（特に配位子の場合）．

8・3・3 錯体生成反応の速度

一般的に，キレート配位子の方が錯体生成反応の速度が遅い．特に，大環状配位子は，その速度が非常に遅くなっており，平衡に達するために数日以上必要なこともある．また，水和金属イオンの配位水の置換反応速度が測定されており，金属イオンの種類および酸化数によってその値は大きく変化している．金属イオン間の置換反応速度の比は，配位子が代わってもほぼ成り立つ．そのため，金属イオンと配位子の組み合わせによっては，錯体生成反応を進行させるために加熱操作が必要な場合がある．この反応速度差を利用したいろいろな高選択または高感度分析法がある．

配位水（coordinated water）：主に金属イオンに直接配位している水のことをいう．水和イオンの化学式は$[M(OH_2)_6]^{n+}$などのように表され，[ ]の中に書かれているOH_2が配位水である．これは常に他の水分子と交換しているが，その速度は金属イオンの種類によって大きく異なっている．

8・4 EDTAと関連化合物，金属指示薬

キレート滴定には，EDTAおよびその関連化合物が用いられる．また，滴定の終点を求めるために種々の金属指示薬が開発されている．

8・4・1 EDTA

EDTA（図8・4）は，エチレンジアミン四酢酸（<u>e</u>thylene<u>d</u>iamine <u>t</u>etra<u>a</u>cetic acid）のことであり，2ナトリウム2水和物が市販されてい

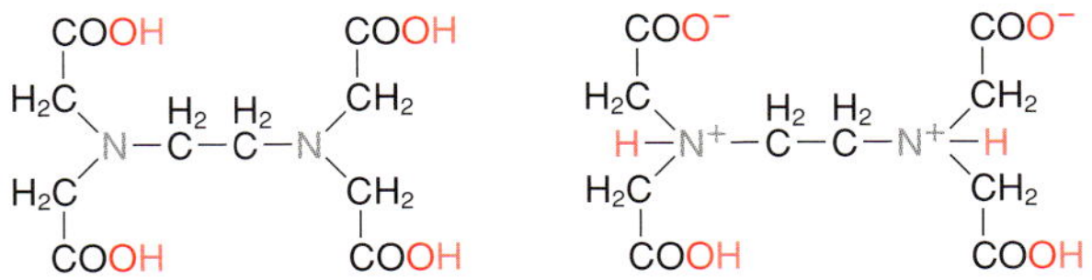

エチレンジアミン四酢酸
（EDTA）

遊離酸は，水にはほとんど溶けない．一種のアミノ酸であるので，双性イオンとなる．溶液のpH上昇に伴い順次水素イオンが解離していく．

図8・4 EDTA

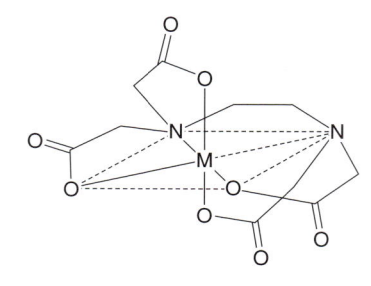

図8・5 EDTA錯体の構造

る。EDTAの酸解離平衡定数の値は，pK_a = 2.0, 2.68, 6.11, 10.17 である。二つの窒素ドナーと四つの酸素ドナーでほとんどすべての金属イオンと非常に安定な6配位錯体（図8・5）を生成する。いずれも組成が1:1となり，EDTAが−4の電荷を有している（使用する溶液のpHによってH$^+$が付加するために，電荷は変化する）ため，生成された錯体の多くは電荷を持った錯イオンとなり水溶性である。

8・4・2 EDTA 関連化合物

EDTA関連化合物（図8・6）は，金属イオンの濃度を簡便に求めることができるキレート滴定法へ応用されるようになり，その開発も盛んになされた。EDTAのエチレン部分をシクロヘキサンに置き換えた1,2-シクロヘキサンジアミン四酢酸（CyDTA）は，金属イオンとの安定度定数がEDTAよりもかなり高い。しかしながら，錯体生成反応が遅いために，滴定をゆっくりと行う必要がある。また，エチレンジアミン部分をジエチレントリアミンに置き換え，すべてのアミノ基に酢酸基を導入

1,2-シクロヘキサンジアミン四酢酸
（CyDTA）

ニトリロ三酢酸（NTA）

ジエチレントリアミン五酢酸
（DTPA）

図8・6　EDTAの関連化合物

したジエチレントリアミン五酢酸（DTPA）は，八座配位子として働く。このものはイオン半径が大きいランタニドイオンなどに対しては配位座を完全にみたすことができる。しかし，配位数の小さい金属イオンに対しては，金属イオンと配位子が2：1の錯体が生成する可能性がある。さらに，窒素原子に三つの酢酸基を導入したニトリロ三酢酸（NTA）は四座配位子として働く。EDTAに比べて，金属イオンとの安定度定数はかなり低いので，限られた場合にのみ使用されている。

ランタニド（lanthanide）：元々は，ランタンに似た元素を意味し，${}_{58}Ce$～${}_{71}Lu$の14元素の総称である。ランタンを含めることもあるが，正しくはないとされている。関連する用語としては希土類元素（rare earth element）があり，これは${}_{21}Sc$，${}_{39}Y$，${}_{57}La$～${}_{71}Lu$の計17元素の総称である。これらの化学的性質は互いによく似ている。

8・4・3　金属指示薬

金属イオン溶液にEDTA溶液を滴下していったとしても色の変化は観測されず，このままでは次の節で述べるキレート滴定の終点を決定することができない。そのために，金属指示薬（**図8・7**）と呼ばれる別のキレート試薬（配位子）が用いられている。代表的な金属指示薬として，アゾ化合物であるエリオクローム・ブラックT（EBT），1-（2-ヒドロキシ-4-スルホ-1-ナフチルアゾ）-2-ヒドロキシ-3-ナフトエ酸（NN），1-ピリジルアゾ-2-ナフトール（PAN）などがある。これらはいずれもフェノール性水酸基を持っており，水素イオンを解離することによって色が変化する。すなわち，溶液のpH変化に伴って変色することになるので，緩衝溶液を用いて望みのpHにしておく必要がある。これらはまたキレート化合物であって，一つの窒素ドナーと二つの酸素ドナー，または二つの窒素ドナーと一つの酸素ドナーを有する3座配位子である。多くの金属イオンと錯体生成するが，その安定度定数はEDTAよりもかなり小さい。指示薬としての他の条件は，指示薬自体はもちろん，生成する錯体が少量のアルコールの添加によって溶解する場合も含めて水溶性であること，金属イオンとの錯体生成反応が速いこと，錯体生成による変色が鋭敏であることなどである。

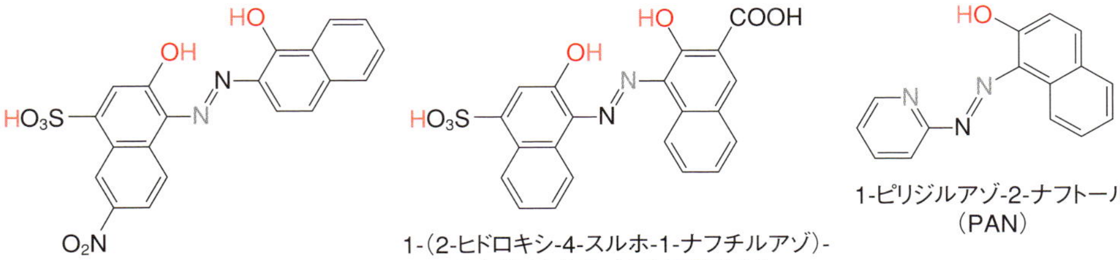

エリオクローム・ブラックT（EBTまたはBT）

1-（2-ヒドロキシ-4-スルホ-1-ナフチルアゾ）-2-ヒドロキシ-3-ナフトエ酸（NN）

1-ピリジルアゾ-2-ナフトール（PAN）

図8・7　金属指示薬

8・5 キレート滴定法

濃度既知の EDTA 水溶液を用いて，直接滴定法や逆滴定法によって多くの金属イオンの定量を行うことができる。また，間接滴定法によって陰イオンの定量を行うこともできる。

8・5・1 キレート滴定法

キレート滴定法は，濃度未知の一定体積の金属イオン溶液に対して濃度既知の EDTA 溶液をビュレットから滴下して，終点を求める。EDTA は目的とする金属イオンと 1:1 の錯体を生成するので，加えた EDTA の物質量と溶液中の金属イオンの物質量が等しくなり，これより濃度を決定することができる。ただし，このままでは終点を目視できないので，配位することで変色する金属指示薬を添加する必要がある。

8・5・2 カルシウムおよびマグネシウムの定量

銅(II)，ニッケル(II)および鉄(II)イオンなどの遷移金属イオンでは簡便な比色分析が利用できるため，キレート滴定法が主に行われているのはカルシウムイオンやマグネシウムイオンである。カルシウムイオンは滴定できる pH 範囲が広いので，溶液の pH を調整することによってカルシウムイオンとマグネシウムイオンが共存する溶液であっても個別に濃度を求めることができる。滴定する pH を変えるために，使用する金属指示薬も 2 種類用意する。

まず，カルシウムイオンとマグネシウムイオンともに定量するために NH_3-NH_4Cl（pH 10）の緩衝溶液を加える。金属指示薬としては EBT（エリオクローム・ブラック T）を用いる。EBT は青色であるが，カルシウムイオンやマグネシウムイオンと錯体生成すると赤色となる。EDTA 溶液が滴下され，カルシウムイオンとマグネシウムイオンの合計と当量になると，赤色の EBT 錯体が解離してもとの青色の EBT に戻る。すなわち，このような現象が起こるのは，金属指示薬とカルシウムイオンやマグネシウムイオンとの錯体の安定度定数が，それらの EDTA 錯体との安定度定数よりも小さいためである。これにより，カルシウムイオンとマグネシウムイオンの合計量を求めることができる。

続いて，約 8 mol/L の水酸化カリウム溶液を加えて溶液の pH を 12 以上にする。こうすると，カルシウムイオンとマグネシウムイオンのうちマグネシウムイオンだけが水酸化マグネシウムとなって沈殿を生じ，溶液から除かれる。金属指示薬を pH 12 以上で有効な NN 指示薬に変更して加え，EDTA 溶液を滴下するとカルシウムイオンのみの濃度を

●発展学習●
陰イオンの定量分析法を調べてみよう。

求めることができる。これをカルシウムイオンとマグネシウムイオンの合計から引くことによって，マグネシウムイオンの濃度を求めることができる。

マグネシウムイオンについては，溶液中の水酸化物イオンと EDTA 陰イオンとの競争反応が起こり，水酸化物イオンがより安定な錯体（この場合は沈殿を生じる配位高分子錯体，多核錯体になっている）を生成していることがわかる。また，Ni^{2+}，Zn^{2+}，Cd^{2+}，Fe^{2+} などの重金属イオンが存在するときには，マスキング剤としてシアン化カリウム KCN 溶液を加える。これも，錯体の安定度定数の大小が関係している。これは，EDTA の滴定量が溶液中の目的金属イオンの濃度と比例する直接滴定法である。

8・5・3 その他の滴定法

その他，逆滴定法および間接滴定法がある。ここでは，鉛標準液を用いた間接滴定法によってフッ化物イオンの定量などが行われている。

それぞれの目的成分ごとに，最適の滴定条件（キレート試薬，金属指示薬，pH（緩衝液），温度，濃度範囲，共存イオンの影響，マスキング剤など）が詳細に調べられ，成書* にされている。

* 上野景平：『キレート滴定』南江堂（1989）

> マスキング剤：主に定量分析を行う際に，妨害となる共存金属イオンと水溶性の錯体を生成して，妨害されないようにする試薬。
>
> ●発展学習●
> マスキング剤の例と，その化合物が選ばれた理由を調べてみよう。

●この章で学んだ主なこと

- □ 1　金属錯体の種類と構造（正四面体4配位構造，平面4配位構造，三角両錘5配位構造，四角錘5配位構造，正八面体6配位構造など）。
- □ 2　HSAB 則（Hard and Soft Acids and Bases rule）によって，配位結合の強さの程度を予想することができる。
- □ 3　2価の遷移金属イオンと配位子間の結合の強さの順にまとめたアービング-ウィリアムス系列（$Mn^{2+} < Fe^{2+} < Co^{2+} < Ni^{2+} < Cu^{2+} > Zn^{2+}$）があり，一般的に銅（Ⅱ）イオンが配位子から最も強く配位（電子供与）される。
- □ 4　金属錯体の生成平衡（錯体生成平衡）は一般的に逐次反応であり，一段階ごとに逐次錯体生成平衡とそれらの平衡定数である逐次安定度定数がある。
- □ 5　逐次安定度定数の積が，全安定度定数である。
- □ 6　配位子には，単座配位子と多座配位子（2座配位子，3座配位子など）がある。
- □ 7　多座配位子はキレートと呼ばれ，対応する単座配位子よりも安定な金属錯体を生成する（キレート効果）。
- □ 8　キレート滴定法の手順と計算法。

第 8 章 錯体生成分析

□ **9** EDTA および関連化合物，金属指示薬などの役割と条件。

● 演習問題 ●

1 正四面体 4 配位構造および平面 4 配位構造をとるニッケル（Ⅱ）錯体の例をあげよ。また，それぞれにおける中心ニッケル（Ⅱ）イオンの電子配置を示し，磁気的性質の違いを説明せよ。

2 テトラアンミンジアクア銅（Ⅱ）イオンおよびヘキサアンミンニッケル（Ⅱ）イオンの立体構造を示せ。

3 テトラアンミンジアクア銅（Ⅱ）イオンおよびヘキサアンミンニッケル（Ⅱ）イオンの逐次錯体生成平衡と逐次安定度定数を求めよ。

4 テトラアンミンジアクア銅（Ⅱ）イオンおよびヘキサアンミンニッケル（Ⅱ）イオンの全錯体生成平衡と全安定度定数を求めよ。また，全安定度定数を逐次安定度定数を用いて表せ。

5 ビス（エチレンジアミン）銅（Ⅱ）およびトリス（エチレンジアミン）ニッケル（Ⅱ）錯体の立体構造を示せ。

6 カルシウムイオンと EDTA から生成される錯体の立体構造を示せ。

7 カルシウムイオンとマグネシウムイオンを含む溶液 25 mL をビーカーにとり，0.01 mol/L の EDTA 溶液で滴定した。溶液が pH 10 のときは 14.25 mL，pH 13 のときは 8.55 mL 要した。溶液中のカルシウムイオンおよびマグネシウムイオン濃度を求めよ。

8 カルシウムイオンと EBT 指示薬との錯体の立体構造を示せ。また，EBT 指示薬が金属指示薬として働くために必要な条件を示せ。

9 HSAB 則について，硬い酸と軟らかい酸の例を二つずつ示せ。また，硬い塩基と軟らかい塩基の例を二つずつ示せ。酸がより硬くなるためにはどのような条件が必要か，塩基がより硬くなるためにはどのような条件が必要か述べよ。

第Ⅲ部 化学分析

第9章

電気化学分析

● 本章で学ぶこと

　分子は電子を放出して陽イオンになり，電子を受け入れて陰イオンになる。イオンは電荷を持っており，電気的な性質を持つ。この性質を利用して，分子種を同定したり，その濃度を決定したりという分析を行うことができる。このような分析を電気化学分析という。

　電気は電位（電圧）と電流という二つの要素で考えることができる。電気化学分析のうち，電位を利用するものを電位差分析という。また，電位差と電流の両方を利用する分析法にポーラログラフィーとサイクリックボルタンメトリーがある。

　本章ではこのようなことについて見ていこう。

9・1 電位差分析

　第7章で見たように，酸に2種類の金属を入れると電池ができる。これは2種類の金属間に電位差（起電力）が生じたことを意味する。この電位差は金属イオンの濃度によって異なるので，電位差を測定すれば濃度を知ることができることになる。

9・1・1 濃度と電池

　濃度の異なる溶液の間には電位差が生じ，**電池**ができる。このような電池を一般に**濃淡電池**という。

　図9・1は濃淡電池の模式図である。容器を素焼き板などで二つに仕切り，硝酸銀 $AgNO_3$ 水溶液を入れる。ただし，二室で濃度が異なり，図の左側は低濃度，右側は高濃度とする。

　この両室に銀板を挿入する。すると低濃度側では銀板が溶液に溶け出し，次の反応が起こる。

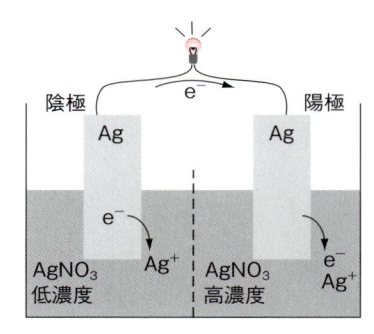

陰極 Ag　　Ag 陽極
AgNO₃ 低濃度　　AgNO₃ 高濃度

Ag ⟶ Ag⁺ + e⁻　　Ag⁺ + e⁻ ⟶ Ag　　図 9・1　濃淡電池の模式図

$$\text{Ag} \rightarrow \text{Ag}^+ + e^-$$

　この結果，低濃度側の銀板上には電子が残ることになる。ここで，両室の銀板を導線で結んだらどうなるだろうか？　低濃度側の銀板上の電子は導線を伝って高濃度側に移動することになる。そして，高濃度溶液中の銀イオン Ag^+ は電子を渡され金属銀 Ag となる。

$$\text{Ag}^+ + e^- \rightarrow \text{Ag}$$

　これは，二つの金属板（電極）間を電子が移動したことであり，電流が流れたことを意味する。すなわちこの系は電池を構成したのである。
　なお，反応が進行すると低濃度側では Ag^+ が増え，高濃度側では Ag^+ が減る結果，両方の濃度が等しくなる。この時点で電池の寿命が尽きたことになる。

9・1・2　濃度と電位差

　式 9・1 は濃度に基づいて生じる電位差を計算する式であり，発見者の名前をとって**ネルンストの式**といわれる（7・4・3 項）。

$$E = \frac{RT}{nF} \ln \frac{a}{a_0} \qquad (式 9・1)$$
$$= \frac{0.05916}{n} \log \frac{a}{a_0} \quad (数値は 25℃ の場合)$$

　式中の R は気体定数，T は温度，F はファラデー定数である。n は反応に関与する電子の個数であり，9・1・1 項の例では 1 である。そして a_0，a はそれぞれ低濃度側，高濃度側の濃度（mol/L）である。
　したがって，低濃度側の溶液に濃度のわかっている標準溶液を用いれば，高濃度側の濃度を知ることができるのである。

● 発展学習 ●
神経細胞を情報が伝わるしくみは濃淡電池に似ているといわれる。神経細胞における情報伝達のしくみを調べてみよう。

電位差は二つの物質の間の電位の差である。電位は電圧と同義であるが，電圧は主に電気工学の用語であり，化学では電位を用いる。どちらも単位はボルト V である。

9・2 電位差滴定

滴定は，当量点を検出し，それによって濃度を知る手段である。当量点を検出する手段として電位差を用いるのが電位差滴定である。

9・2・1 当量と電位差

滴定は濃度未知の溶液に濃度既知の標準溶液を滴下し，その結果生じる濃度変化を検出して当量点を知り，未知溶液の濃度を知るものである。したがって滴定において最も大切なのは当量点を正確に知ることである。そのための手段として呈色試薬を用いたり，pH 変化を測定したりする。

前節で，電位差は濃度によって変化することを見た。これは当量点を検出する手段として電位差を用いることができることを意味するものである。このように，電位差を検出手段として用いる滴定を**電位差滴定**という。

9・2・2 中和滴定の例

中和滴定を電位差変化によって行う例を見てみよう。中和滴定については先に 4・3，4・4 節で見ているが，そこでは当量点を検出するのに指示薬を用いていた。ここでは電位差を用いて当量点を知ることにする。

反応装置の概略を図 9・2 に示した。未知試料（測定溶液）を入れるビーカー，標準溶液を滴下するビュレットは通常どおりである。今回はそのほかに指示電極と参照電極が挿入されることになる。

例は 0.01 mol/L の塩酸水溶液（未知試料の代わり）を 1 mol/L の水酸化ナトリウム水溶液で滴定するものである。滴下量とそれに伴う H^+

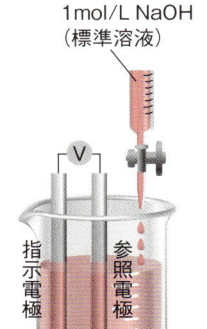

図 9・2　中和滴定の反応装置
電位差変化によって中和滴定を行う。

表 9・1　電位差変化

滴下量(mL)	$[H^+]$	pH	電位	
0.00	10^{-2}	2	0.398	
0.90	10^{-3}	3	0.457	c 点
0.99	10^{-4}	4	0.516	
0.999	10^{-5}	5	0.575	
0.9999	10^{-6}	6	0.634	
1.0000	10^{-7}	7	0.693	b 点（中和点）
1.0001	10^{-8}	8	0.752	
1.001	10^{-9}	9	0.811	
1.01	10^{-10}	10	0.870	a 点
1.10	10^{-11}	11	0.929	
2.00	10^{-12}	12	0.988	

（日本分析化学会編，『電気滴定と電解分析』基礎分析化学講座 14，（共立出版，1976）より改変）

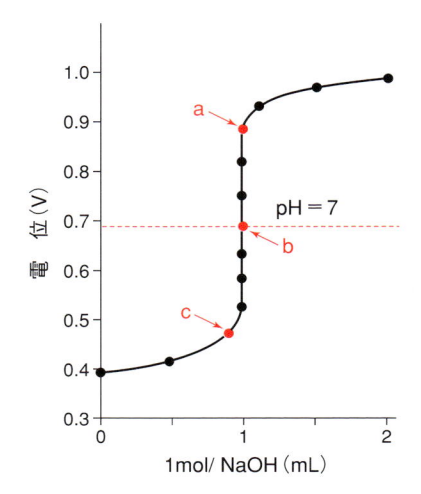

図9・3 表9・1のグラフ化

の濃度［H^+］の変化，pH変化，およびネルンストの式から計算した電位差変化を**表9・1**に示した。

この表をグラフにしたのが**図9・3**である。当量点のpH＝7を中心に電位差が大きく変化していることがわかる。このように，電位差変化を測定すれば，当量点を簡単に，かつ正確に知ることができるので，電位差滴定は各種の滴定に用いられている。

● 発展学習 ●
pHメーターの電極の構造を調べよう。

9・2・3　pHメーター

前項を応用すれば，電位差を測定することによってpHを知ることができることになる。すなわち，参照電極内のH^+濃度（pH）を基準にして溶液中のH^+濃度を知るのである。このようにして電気的にpHを測定する装置を**pHメーター**と呼ぶ。pHメーターを用いると簡単迅速正確にpHを測定することができる。

9・3　ポーラログラフィー

ポテンシオメトリー：
potentiometry
ボルタンメトリー：
voltammetry

電気は電位（電圧）と電流で表現することができる。電位差分析のように電位差を用いる分析法を**ポテンシオメトリー**（電位差滴定法）といい，中和点の測定などに用いられる。一方，電圧と電流の関係を用いる分析法を**ボルタンメトリー**（電圧電流滴定法）という。ボルタンメトリーにはポーラログラフィーやサイクリックボルタンメトリーがある。ここではポーラログラフィーを見，次節でサイクリックボルタンメトリーを見ることにしよう。

9・3・1 電位と電流

ポーラログラフィーは溶液中の溶質に電子を付加し，そのときの電位と電流の関係を測定するものであり，溶質の電気的特性，さらには構造に関する知見を与えてくれるものである。溶質に低電位で電子を付加しようとしても，溶質は電子を受け取らず，電流は流れない。しかし，高電位になると電子は溶質に流れ込み，電流が流れる。

このように，溶質が電子を受け取る際の電位と電流の関係を測定するのがポーラログラフィーである。

ポーラログラフィー：polarography

9・3・2 ポーラログラフィー

ポーラログラフィーは，溶液に連続的に変化する電位をかけ，そのときに流れた電流を測定したものである。電位と電流の関係は一般に**図9・4**のグラフのようになる。グラフがノコギリの歯状になるのがポーラログラフィーの特徴であり，それは電極の構造（図9・4左）に原因がある。

すなわちポーラログラフィーでは，毛細管から水銀が滴下する滴下電極を正極に用いる。そのため，水銀液滴の成長に電流量が比例することになり，その結果，電位－電流曲線がノコギリの歯状となるのである。

ポーラグラフにおいて特異的な電位としては，電流曲線の立ち上がる電位 (a)，電流が飽和になる電位 (b) などが考えられる。しかし，a, b を正確に測定する (a, b を決める) のは任意性があって困難である。それに対して $E_{1/2}$ は作図によって一義的に決めることができる。そのため，$E_{1/2}$ が採用されたものである (9・3・3項参照)。

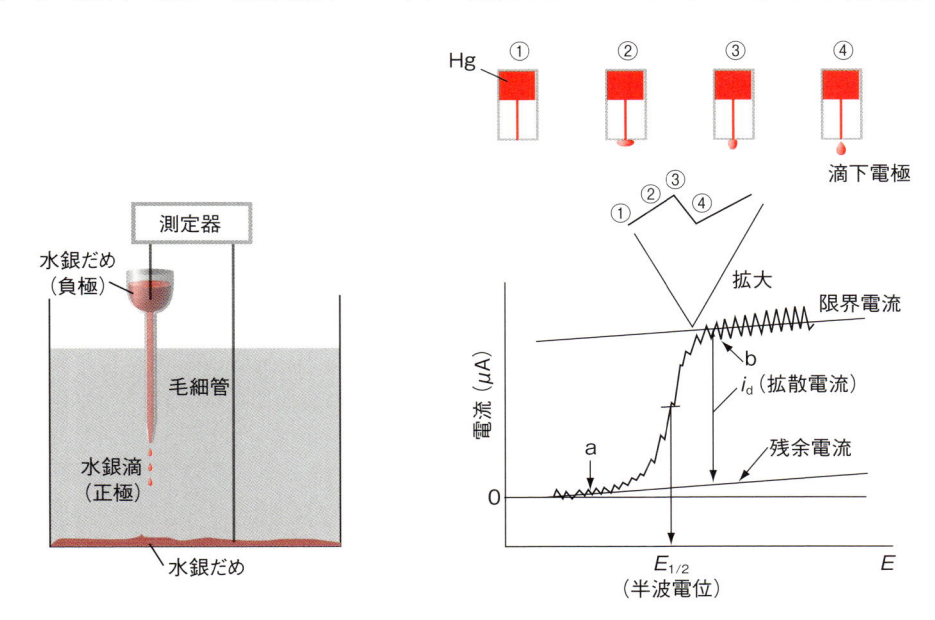

図9・4 電位と電流の関係

9・3・3 解析

ポーラログラフィーで大切なのは**半波電位**（$E_{1/2}$）である。すなわち，電位が低いときには電子が溶質に入っていくことができず，電流は残余

電流だけである。しかし，ある電位に達すると電子は溶質に入り込むことができるようになり，そのため電流は急激に上昇する。そして，ある電流値に達するとそれ以上は流れなくなる。この値を限界電流という。

限界電流と残余電流の差を拡散電流といい，拡散電流の半分の電流を流すときの電位を半波電位という。

半波電位は溶質（分子）に固有の値であり，したがって半波電位を測ることによって溶質の構造を同定することもできる。

9・4　サイクリックボルタンメトリー

サイクリックボルタンメトリー：cyclicvoltammetry

溶液にかける電位をプラスからマイナスまで連続的に変化させ，そのときの電流を測定したものを**サイクリックボルタンメトリー**という。

9・4・1　可逆反応と不可逆反応

可逆反応　A ⇌ B
　　　　　A + e⁻ ⇌ A⁻
不可逆反応　A ⟶ B
　　　　　　A + e⁻ ⟶ A⁻

反応 A ⇌ B では，A は B に変化するが，同時に B は A に戻る。このような反応を可逆反応という。それに対して A → B では，A は B に変化するが B が A に戻ることはない。このような反応を不可逆反応という。

9・4・2　サイクリックボルタンメトリー

図 9・5 はサイクリックボルタンメトリーの測定装置の模式図である。サイクリックボルタンメトリーでは溶液に可変的に電位をかけ，そのときに流れた電流を測定する。

A　可逆反応

可逆反応 A + e⁻ ⇌ A⁻ が起こる系に負（マイナス）電位をかけると反応 A + e⁻ → A⁻ が進行するので電子は A に流れ込み，電流が流れる。そのため電位－電流曲線は**図 9・6 A** の曲線 ① となる。このとき最大電流を与える電位（ただし電流はマイナス値として計測される）V_r を**還元電位**という。

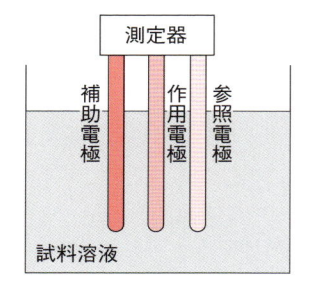

図 9・5　サイクリックボルタンメトリーの測定装置の模式図

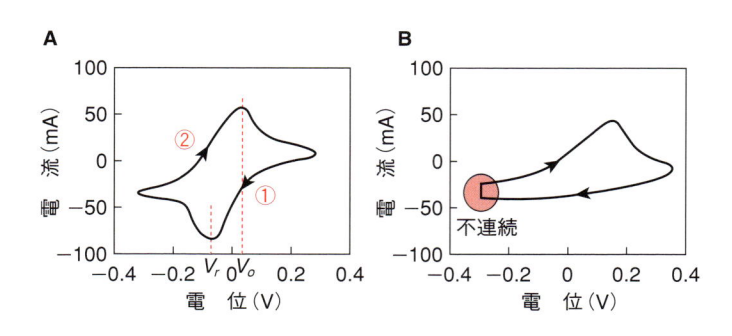

図 9・6　電位－電流曲線

系の A が全て A^- になった時点で，電位を変え，正（プラス）の電位をかけると今度は逆反応 $A + e^- \leftarrow A^-$ が起こり，電流が流れる（曲線②）。このときに最大電流を与える電位 V_o を**酸化電位**という。

この結果，可逆反応では図 (A) のように電位－電流曲線が閉じた曲線を与えることになる。

B 不可逆反応

不可逆反応 $A + e^- \rightarrow A^-$ では，A^- がさらに反応してまったく別の分子 B になってしまう。そのため，電位－電流曲線は図 9・6 B のように不連続となる。

9・4・3 利用法

前項で見たように，サイクリックボルタンメトリーを用いると
① 系の酸化電位 and/or 還元電位を測定することができ
② 系の反応が可逆反応か，不可逆反応かを判定（定性分析）することができる。

また，酸化電位，還元電位は分子に固有の値なので
③ 分子種の同定に使うことができ，

また，電流は濃度に比例するので
④ 濃度の測定（定量分析）に用いることができる。

●**この章で学んだ主なこと**

- □ 1　濃度の異なる溶液を組み合わせると濃淡電池ができる。
- □ 2　濃淡電池の起電力（電位差）はネルンストの式で計算できる。
- □ 3　pH メーターは濃淡電池を応用したものである。
- □ 4　滴定の終点を電位差で検出する滴定を電位差滴定という。
- □ 5　電位差滴定は濃度変化を検出する方法なので，中和滴定，酸化還元滴定など，各種の滴定に利用できる。
- □ 6　溶液に連続的に電位をかけ，その結果流れた電流を記録したものをポーラログラフィーという。
- □ 7　ポーラログラフィーの半波電位を用いると物質を特定できる。
- □ 8　サイクリックボルタンメトリーを用いると酸化電位，還元電位を測定することができる。
- □ 9　サイクリックボルタンメトリーを用いると酸化還元反応が可逆か不可逆かを判定することができる。

演 習 問 題

1. 硫酸銅 $CuSO_4$ 水溶液を用いた濃淡電池の陰陽両電極で起こる反応を明らかにせよ。
2. 濃度差が 1：100 である濃淡電池の濃度差が 1：10 になったら起電力はどうなるか。ただし関与する電子数は 1 個とする。
3. pH メーターの原理を説明せよ。
4. 中和滴定に電位差滴定が利用できる理由を説明せよ。
5. ポーラログラフィーのグラフはなぜノコギリの刃状になるのか説明せよ。
6. 半波電位とは何か説明せよ。
7. 可逆反応，不可逆反応とは何か説明せよ。
8. 酸化電位，還元電位とはそれぞれ何か説明せよ。

第 IV 部　機器分析と分離操作
第 10 章

UV スペクトル・IR スペクトル

● 本章で学ぶこと

　原子，分子の化学的性質を利用して行う分析を化学分析という。それに対して，原子，分子の物理的性質を利用して分析する手法がある。この手法は各種の測定機器を用いるので機器分析と呼ばれる。

　機器分析の一種にスペクトルを用いるものがある。スペクトルとは一般に光と分子の関係を表したものである。光は電磁波であり，波長に反比例したエネルギーを持つ。分子に光が当たると分子は特定の波長の光を吸収し，高エネルギー状態に達する。

　紫外線や可視光線の吸収に基づくスペクトルを UV スペクトルという。これらの光は大きなエネルギーを持ち，分子の電子エネルギー状態を反映する。それに対して赤外線の吸収に基づくスペクトルを IR スペクトルという。赤外線のエネルギーは小さく，分子の振動や回転エネルギー準位を反映する。

　本章ではこのようなことを見ていこう。

10・1　光 と 分 子

● 発展学習 ●
紫外線，赤外線がそれぞれ化学線，熱線と呼ばれることがあるのはなぜか調べよう。

　光はエネルギーであり，原子，分子は光を吸収して高エネルギー状態になる。

10・1・1　光のエネルギー

　光は電磁波であり，振動数と波長を持つ。光のエネルギー E は振動数 ν（ニュー）に比例し，波長 λ（ラムダ）に反比例する。図 10・1 は電磁波の種類とエネルギーの関係を表したものである。**可視光**（visible light）は波長 400〜800 nm の電磁波である。それより短波長でエネルギーの高いのが**紫外線**（ultraviolet；UV）であり，反対に長波長で低エ

光の波長を λ，振動数を ν とすると，光のエネルギー E は $E = h\nu$ で与えられる。ここで h はプランクの定数である。ところで光速 c は $c = \lambda\nu$ なので $\nu = c/\lambda$ となる。したがって，$E = h\nu = ch/\lambda$ となり，波長に反比例することになる。

第10章 UV スペクトル・IR スペクトル

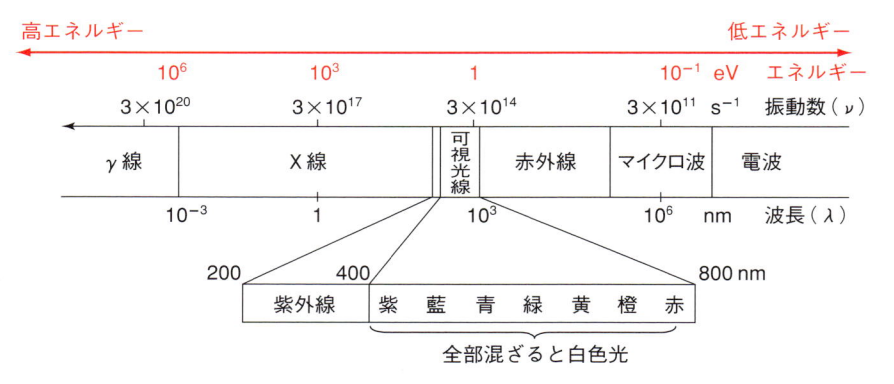

図10・1 光の振動数と波長

エネルギーなのが**赤外線**（infrared；IR）である。

10・1・2 原子・分子のエネルギー準位

原子, 分子は電子を持ち, その電子は特定のエネルギーを持っている。電子のエネルギーは**図10・2**に示したエネルギー準位で表される。記号 n で表した準位は電子エネルギー準位であり, v, r はそれぞれ振動エネルギー準位, 回転エネルギー準位である。

原子は電子エネルギー準位だけを持ち, 分子は 3 種の準位全てを持つ。

> 2個の原子からなる分子は回転エネルギー準位は持たない。

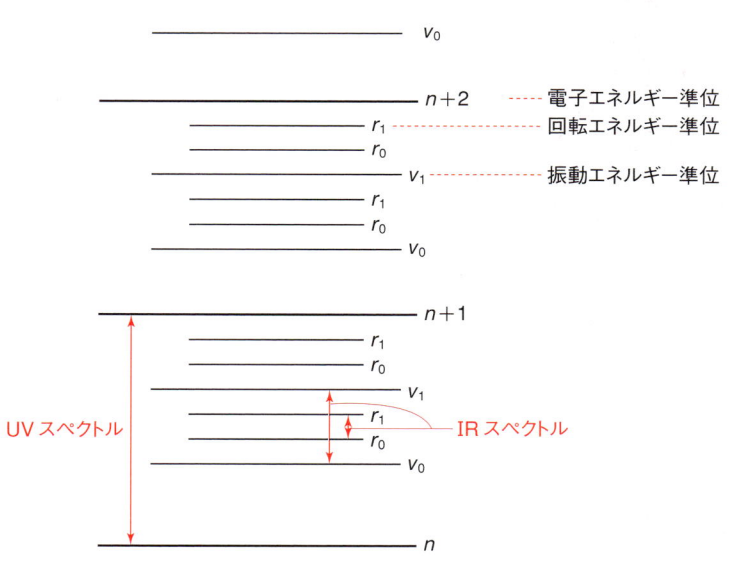

図10・2 電子のエネルギー準位

10・1・3 光吸収とスペクトル

分子に光が当たると分子の電子は光を吸収し, そのエネルギーを使っ

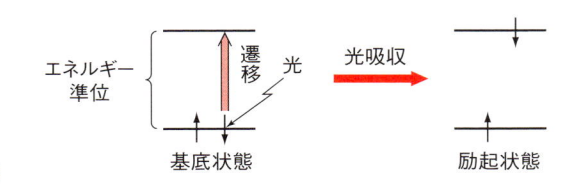

図 10・3　電子の基底状態と励起状態

てより高エネルギーの準位へ移動する。これを**遷移**といい，高エネルギー状態を**励起状態**，遷移する前の低エネルギー状態を**基底状態** という（図 10・3）。

10・1・2項で回転，振動，電子の三種類のエネルギー準位を見たが，それらのエネルギー準位の間隔は 回転 ＜ 振動 ＜ 電子エネルギー準位 の順で大きくなっている。

分子がエネルギーを吸収したとき，そのエネルギーが十分に大きければ分子は電子エネルギー準位間を励起する。すなわち，図 10・2 で UV スペクトルと書いた順位間の遷移である。これは UV（紫外線）のエネルギーがそれだけ大きいことを意味する。

それに対して IR（赤外線）エネルギーは小さく，せいぜい回転準位間，振動準位間の遷移しかできないのである。

全ての波長の光が混じった白色光を分子に照射すると，分子は特定の光だけを選択的に吸収する。その結果透過してきた光の波長分布を表したものを**吸収スペクトル**といい，物質ごとに特有である（図 10・4）。

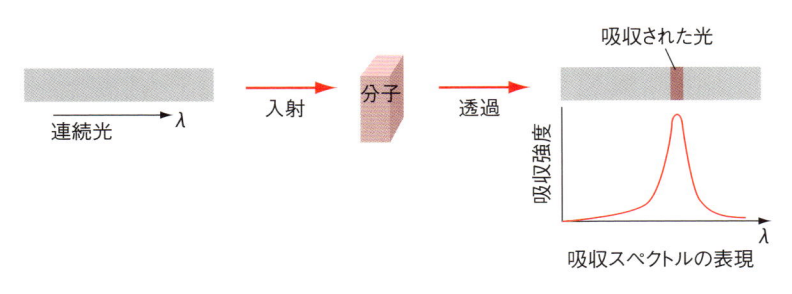

図 10・4　光の吸収スペクトル

10・2　原子吸光分析

原子に紫外線を照射すると，原子の電子はそのエネルギーを用いて高エネルギー準位に遷移する。この現象を利用して原子の種類を同定し，濃度を測定する分析法を**原子吸光分析**という。

原子の電子エネルギー準位間の間隔（エネルギー差）は大きくて，紫外線のエネルギーに相当する。したがって，原子に可視光線や赤外線を照射しても吸収されない。

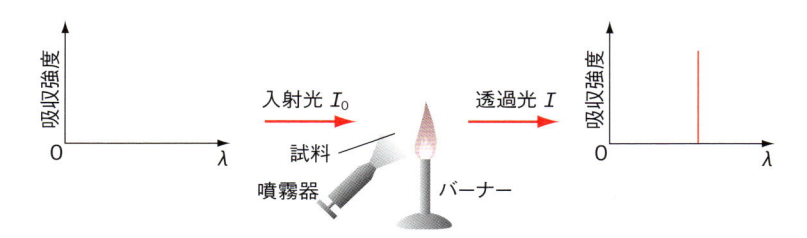

図 10・5 原子吸光分析の原理

10・2・1 原子吸光分析

試料溶液を噴霧状態にし，それをアセチレン炎などで燃焼して原子を気体状態にする。この原子に光を照射すると原子の電子が光を吸収して高エネルギー準位に遷移する（図 10・5）。

電子エネルギーの間隔（エネルギー差）は原子の種類ごとに一定である。したがって，原子が吸収した光の波長を測定すれば原子の種類を同定することができる。いくつかの元素の吸収波長を表 10・1 に示した。

表 10・1　吸収波長

元素	波長 (nm)
Au	242.8
Al	309.3
Fe	248.3
Pb	283.3
Zn	213.9

10・2・2 定量分析

原子吸光分析では吸収強度は原子の濃度に比例することが知られている。原子吸光分析を用いて濃度未知試料の濃度を知るには**検量線**を用いるのが便利である。

検量線とは，濃度既知の試料（多くの場合溶液試料）を何点か用意し，その吸収強度を測り，濃度と吸収強度の間のグラフを作ったものである。**図 10・6** がそのグラフ，検量線である。次に濃度未知試料の吸収強度を測定する。この吸収強度を先の検量線に当てはめれば，未知であった濃度を知ることができる。

検量線は原子吸光分析だけでなく，分析化学の多方面で用いられる定量法である。

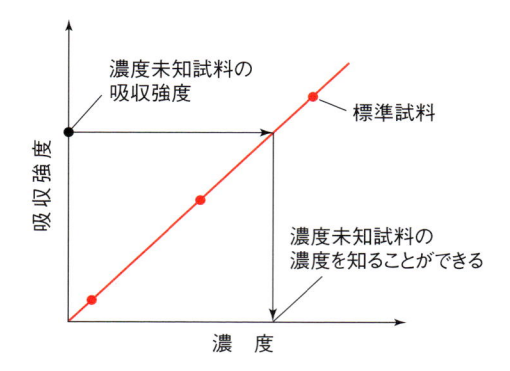

図 10・6　検量線

10・3 UV スペクトル

分子に紫外線，可視光線などの大きなエネルギーをもった光（電磁波）を照射すると，電子はそのエネルギーを用いて電子エネルギー準位間を遷移する。この遷移を表したスペクトルを紫外－可視吸収スペクトル（UV スペクトルあるいは UV－Vis スペクトル）といい，分子の電子状態を反映する。

> 遷移には理論的に起こりうる許容遷移と理論的には起こりえない禁制遷移がある。しかし，実際には禁制遷移も起こることがある。このような確率は小さいので，モル吸光係数も小さくなる。

10・3・1 UV スペクトル

図 10・7 は UV スペクトルの模式図である。横軸は波長，縦軸は吸収の強さを表すモル吸光係数 ε（イプシロン）である。ε の数値は数十から数十万にわたって変化するので対数（$\log \varepsilon$）で表すこともある。最も大きい吸収（吸収極大）を与える波長を吸収極大波長（λ_{max}）という。

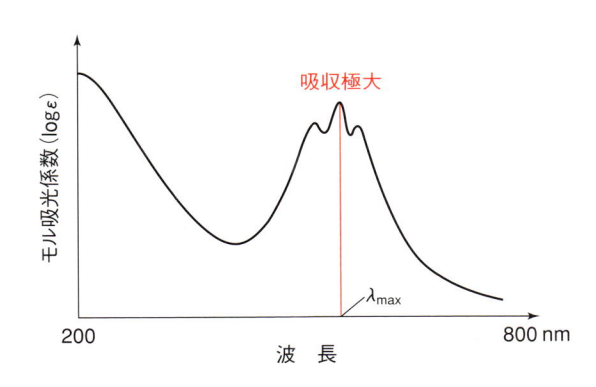

図 10・7　UV スペクトルの模式図

10・3・2 UV スペクトルと分子構造

分子の中には単結合と二重結合が連続した共役二重結合をもつものがある。共役二重結合を構成する結合数が多くなると電子エネルギー準位の間隔（エネルギー差）は小さくなることが知られている。したがって共役の長いものほど遷移に要するエネルギーは小さくてよいので，長い波長の光を吸収することになる。その例を図 10・8 に示した。

この関係を用いて UV スペクトルから共役系の長さを推定し，分子構造の決定に用いることができる。

> ●発展学習●
> 共役二重結合を持つ化合物にはどのようなものがあるか調べよう。

10・3・3 定量分析

UV スペクトルにおけるモル吸光係数 ε と試料濃度 c の間には式 10・1 の関係があることが知られている。

$$A (吸光度) = -\log \frac{I}{I_0} = \varepsilon c l \qquad \frac{I}{I_0} : 透過率 \qquad (式 10・1)$$

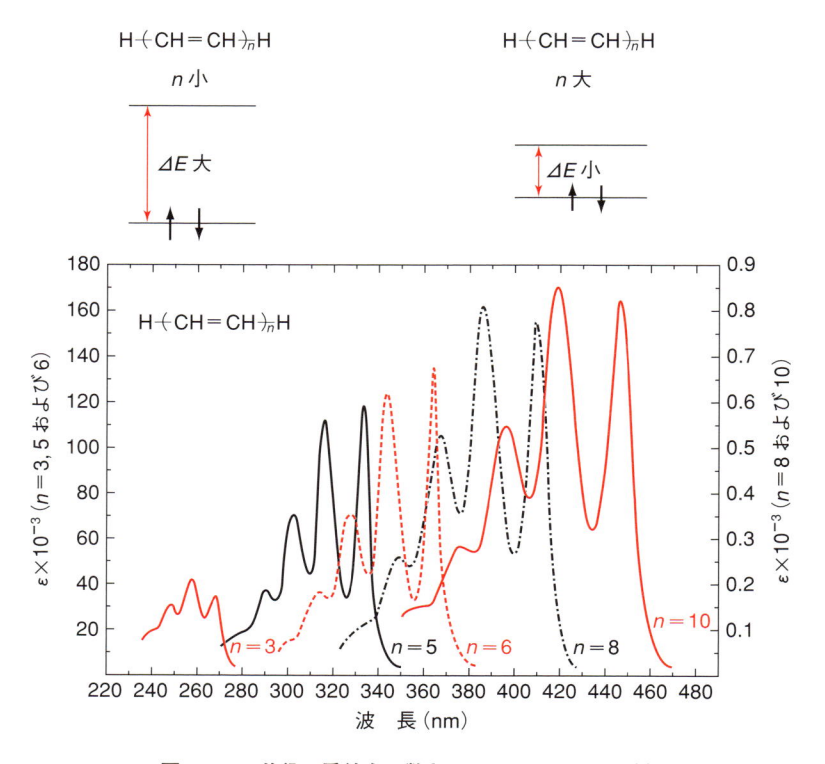

H$-$(CH$=$CH)$_n$H   H$-$(CH$=$CH)$_n$H
n 小 n 大
ΔE 大 ΔE 小

図 10・8　共役二重結合の数と UV スペクトルの関係
（Sondheimer ら，1961 より改変）

ランベルト-ベールの式：
Lanbert-Beer's equation

ここで I_0, I はそれぞれ入射光，透過光の強度，l は光路長（容器の厚さ）である（図 10・9）。これを発見者の名前をとって**ランベルト-ベールの式**という。

この式を用いれば，モル吸光係数のわかっている分子の溶液は，吸光度を測定することによってその濃度を容易に知ることができる。

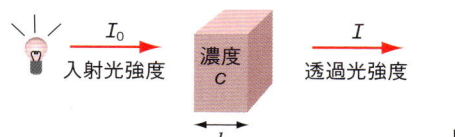

図 10・9　ランベルト-ベールの式の考え方

10・4　IR スペクトル

分子に赤外線などの小さいエネルギーを照射すると，電子は振動，回転準位間を遷移する。このスペクトルを赤外線吸収スペクトル（**IR スペクトル**）といい，分子の振動，回転状態を反映する。

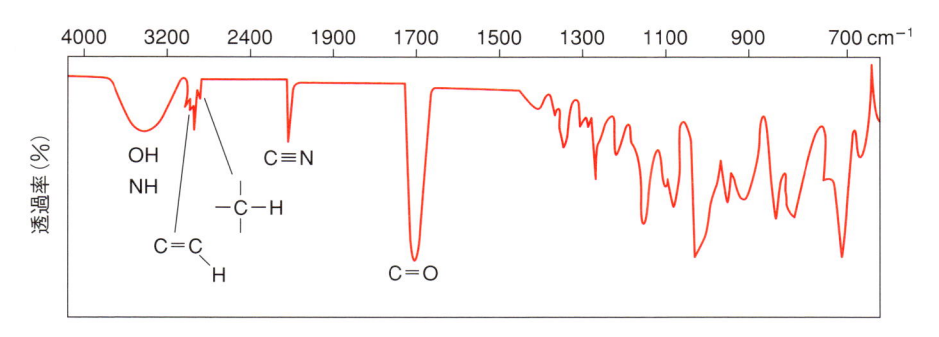

図 10・10 IR スペクトルの模式図

10・4・1 IR スペクトル

図 10・10 は IR スペクトルの模式図である。縦軸は透過パーセントを表しており，UV スペクトルの場合と反対に基準線が上にあり，ピークが上から下に伸びて（下がって）いることに注意していただきたい。横軸は波数であり，1 cm 当たりの波の数を表す。したがって波数は振動数に，すなわちエネルギーに比例することになる。

4000〜1500 cm^{-1} にかけて特徴的な吸収があり，これらを特性吸収帯という。一方 1300 cm^{-1} より低波数部には複雑な吸収が見える。この領域は分子に特有な形を示すので指紋領域と呼ばれ，分子の同定に用いることができる。

IR スペクトルの横軸のとり方（単位）は測定機器の製造会社や機種によって違いがあるので注意が必要である。

10・4・2 IR スペクトルと分子構造

特性吸収帯は置換基（官能基）に特有のものである。各置換基の特性吸収帯がどのあたりに出るかを図 10・11 に示した。

分子の IR スペクトルにおいてある置換基の特性吸収帯が現れていたら，その分子にその置換基があることはほぼ確実である。このように IR スペクトルは置換基を同定するのに欠かせないスペクトルであり，特に有機化合物の分子構造決定に大きな威力を発揮する。

図 10・11　各置換基の特性吸収帯

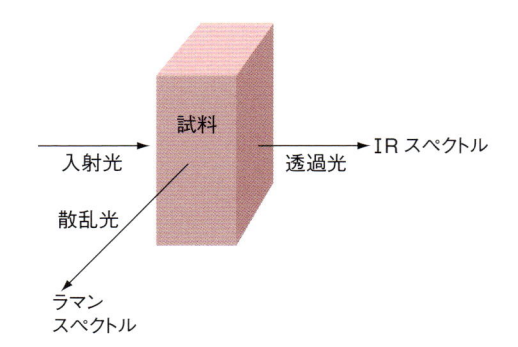

図 10・12　ラマンスペクトルと IR スペクトルの違い

10・4・3　定量分析

IR スペクトルも吸収スペクトルなので，前節で見たランベルト–ベールの法則が適用される。しかし一般に IR スペクトルは固体状態で測定され光路長 l が測定困難なことなどがあり，定量に用いるには熟練した技術を要する。

10・4・4　ラマンスペクトル

IR スペクトルに似たスペクトルにラマンスペクトルがある。IR スペクトルは試料に赤外線を照射しその透過光を測定するのに対して，ラマンスペクトルは散乱光を測定する（図 10・12）。

ラマンスペクトルは IR スペクトルと同様に分子の振動や回転に関する情報を与えてくれるが，IR スペクトルでは現れない情報をも与えてくれる。一方，ラマンスペクトルでは現れない情報を IR スペクトルは

● 発展学習 ●
レーザーラマンスペクトルとはどのようなものか調べよう。

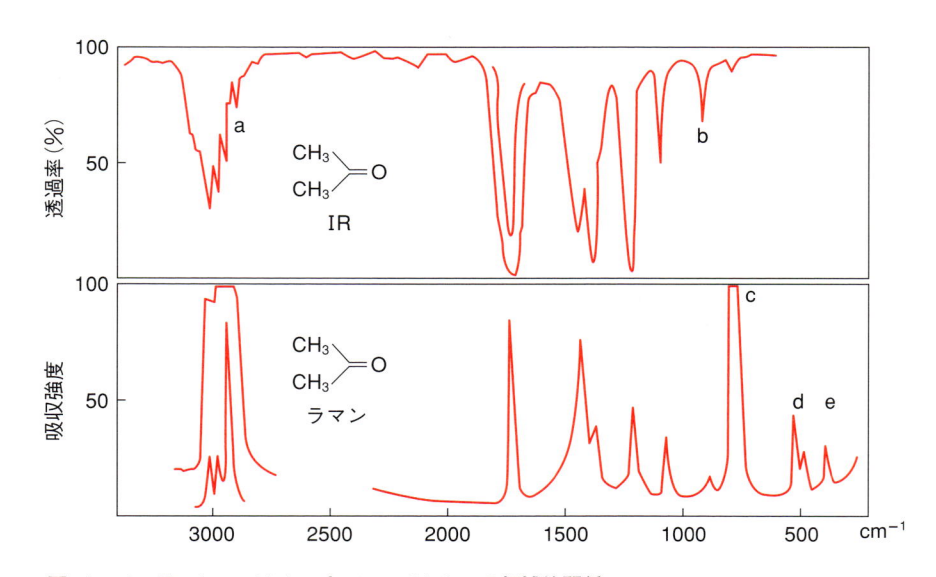

図 10・13　ラマンスペクトルと IR スペクトルの相補的関係
（町田勝之輔『赤外・ラマンスペクトルの解釈』（共立出版，1965）より改変）

持っているので，両者は互いに相補的な関係にある（**図10・13**；側注も参照）。

ラマンスペクトルは散乱光（反射光）を測定するので，雲のように遠方にある試料，あるいは出現すると直ちに消滅するような試料でも測定できるという利点も持っている。

> ラマンスペクトルではIRスペクトルにおける吸収a, bがほとんど観測されない。一方, IRスペクトルではラマンスペクトルで観測されるc, d, eが観測されていない。

●この章で学んだこと

- □ 1　光は電磁波であり，振動数に比例し，波長に反比例したエネルギーを持つ。
- □ 2　原子，分子の電子は特定のエネルギー準位に存在し，特有のエネルギーを持っている。
- □ 3　原子，分子の電子は光のエネルギーをもらってより高エネルギーの準位に遷移する。
- □ 4　原子吸光分析は吸収波長から原子の種類を同定することができる。
- □ 5　原子吸光分析で定量分析するには検量線を用いる。
- □ 6　UVスペクトルは分子に紫外－可視光線を照射して測る。
- □ 7　UVスペクトルは分子の電子状態の情報を与える。
- □ 8　UVスペクトルを定量分析に用いるにはランベルト-ベールの式を用いる。
- □ 9　IRスペクトルは分子に赤外線を照射して測る。
- □ 10　IRスペクトルは分子の振動，回転状態の情報を与える。
- □ 11　IRスペクトルから分子の持つ官能基を同定できる。
- □ 12　ラマンスペクトルはIRスペクトルと相補的な関係にある。

●演習問題●

1. 紫外線，可視光線，赤外線をエネルギーの高い順に並べよ。
2. 光を吸収する前後の分子の状態をそれぞれなんというか。
3. 電子エネルギー準位，振動エネルギー準位，回転エネルギー準位のうち，最もエネルギー間隔の広いものはどれか。
4. 原子吸光分析を用いて原子の種類を同定したい。どのような情報を用いればよいか。
5. 炭素6個からなる共役系と10個からなる共役系のUVスペクトルのうち，吸収極大がより長波長部に現れるのはどちらか。
6. 分子Aを含む溶液aの濃度は0.001 mol/Lである。同じくAを含む溶液bのUVスペクトルを測定したところ，吸光度はaの2倍であった。bの濃度を求めよ。
7. IRスペクトルにおいて，3600 cm^{-1}と，1700 cm^{-1}に吸収ピークが現れた。この分子に存在する可能性のある置換基を全てあげよ。
8. ヒドロキシ基OH，ニトリル基C≡N，カルボキシル基C＝Oをもつ化合物のIRスペクトルの模式図を4000〜1500 cm^{-1}の範囲で書け。

第 IV 部　機器分析と分離操作
第 11 章

マススペクトル・NMR スペクトル

● 本章で学ぶこと

マススペクトルは分子量を測るスペクトルであり，NMR スペクトルは原子の電子的環境に関する知見を与えるスペクトルである。

分子に高速電子を衝突させると分子中の電子がはじき出されて，分子は高エネルギー状態の陽イオン（分子イオン）になる。この陽イオンは不安定であり，結合の弱いところで切断し，いくつかの陽イオン（フラグメントイオン）に分裂する。これら陽イオンの式量（分子量）を測定するのがマススペクトルである。

NMR スペクトルは分子を強力な磁場に入れた状態で電磁波（ラジオ波）を照射し，その吸収を測定する。NMR スペクトルは，直接的には原子の周りの電子密度に関する情報を与える。しかしそれだけではなく，それを基にして分子構造決定に関する種々の情報を引き出すことができる。

本章ではこのようなことを見ていこう。

11・1　マススペクトルの基本

質量スペクトルは MS と略称される。それは Mass Spectrum の M と S をとった名称である。

分子の構造決定において，分子量は基本的な情報である。分子量を測定するためのスペクトルが**質量スペクトル（マススペクトル）**である。

11・1・1　イオン化

2 個の原子 A，B からなる分子 AB を考えてみよう（図 11・1）。分子

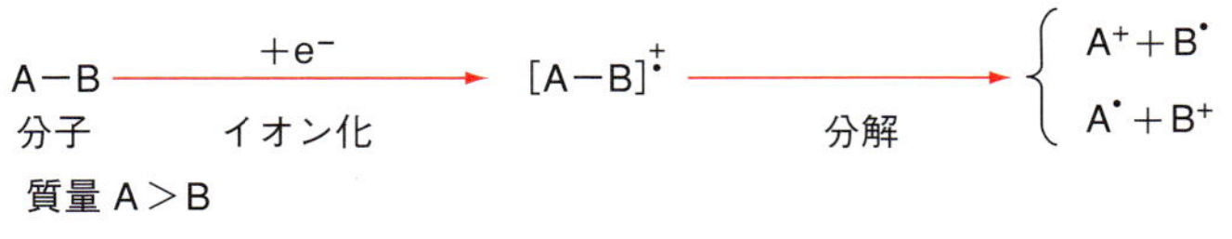

$$A-B \xrightarrow{+e^-\ \text{イオン化}} [A-B]^{+\cdot} \xrightarrow{\text{分解}} \begin{cases} A^+ + B^\cdot \\ A^\cdot + B^+ \end{cases}$$

分子　　　　　　　　　　　　　
質量 A＞B

図 11・1　原子 A, B のイオン化（・はラジカル電子）

ABをイオン化室に入れ，高速に加速した電子を衝突させる。すると，ABの電子がはじき出され，陽イオンAB^+が生成する。このイオンは分子ABの形を残しているので分子イオンと呼ばれる。

陽イオンAB^+は衝突電子の運動エネルギーを受け取っており，高エネルギー状態であり，不安定なため分解する。その結果，フラグメントイオンと呼ばれる新しい陽イオンA^+，B^+を生じる。すなわちイオン化室にはAB^+，A^+，B^+の3種のイオンが存在することになる。

11・1・2 測定

フィルムをマイナスに帯電させておき，イオン化室の窓を開けると陽イオンは飛び出してフィルムに衝突し，フィルムを感光させる。

このときイオンの航路に磁場を置くと，フレミングの法則によりイオンの航跡は曲げられるが，その強度はイオンの質量（m）に反比例する。その結果，3種の陽イオンは質量（式量，分子量）の順 $AB^+ > A^+ > B^+$ の反対の順に大きく曲げられて，フィルムの異なった位置を感光させる（図11・2）。

3種のイオンに式量既知のイオンを混ぜて感光させれば，その相対的な位置から各々の式量を求めることができる。

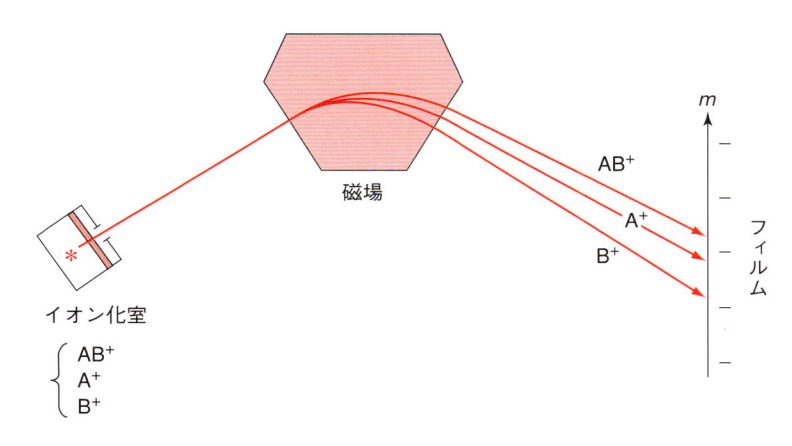

図11・2 イオン測定の原理

11・1・3 マススペクトル

図11・3は安息香酸エチルのマススペクトルの模式図である。最も大きい式量を与えるピークが分子イオンに相当するピークであり，分子イオンピークといわれる。しかし，衝突電子のエネルギーが大きいと全ての分子イオンがさらに分裂してしまい，分子イオンピークが観察されないこともあるので注意を要する。

陽イオンは1価A^+とは限らず2価A^{2+}になることもあるので，横軸

● 発展学習 ●

各種のマススペクトルの測定方法，測定可能な分子量の最大値などを調べよう。

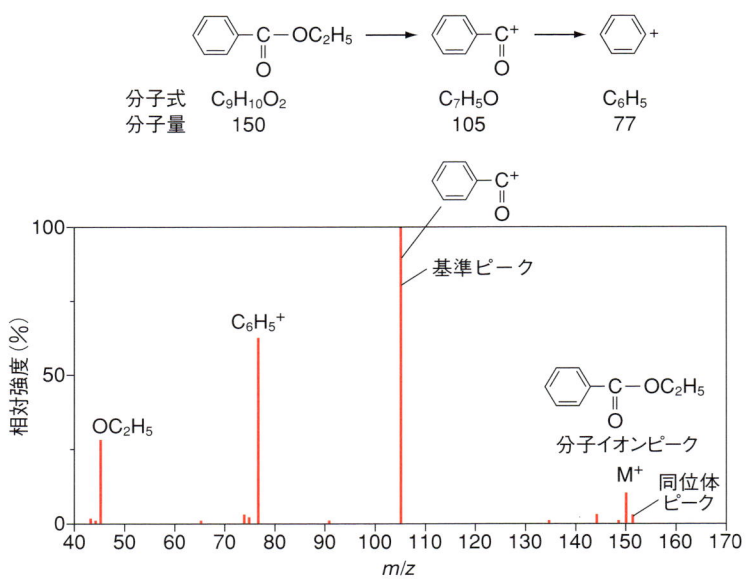

図 11・3 マススペクトルの実例(模式図)

は質量電荷比 m/z (z: 電荷数)になっている。最も大きいピークを基準ピークといい, これを 100% とし, 他のピークの大きさを % で表す。同位体の存在などにより, 分子量 M よりも m/z の大きいピーク $(M+1)^+$, $(M+2)^+$ などが観察されることもある。

11・2 種々のマススペクトル

マススペクトルの原理は前節で見たとおりであるが, マススペクトルには各種の種類が開発されている。その開発方針の一つは式量測定の精度を高めることであり, もう一つは大きい分子量を測定することである。

11・2・1 高分解能マススペクトル

式量を高精度で測定するマススペクトルを, **高分解能マススペクトル**あるいは high resolution の high をとってハイマスと呼ぶこともある。

高分解能マススペクトルでは式量を 10^{-5} の桁まで測ることができる。すると, どのような相対質量(同位体の質量)(表 11・1)の原子が何個なければならないかということが一義的に決定される。すなわち, ^1H, ^2H, ^{12}C, ^{13}C, などがそれぞれ何個ずつなければならないということがわかる。これは分子式が明らかになることを意味する。

すなわちマススペクトルは分子量だけでなく, 分子式をも明らかにすることができるのである。

表 11・1　元素の同位体と相対質量

元素	同位体	質量
H	^{1}H	1.00783
	^{2}H	2.01410
C	^{12}C	12.00000
	^{13}C	13.00335
N	^{14}N	14.00307
	^{15}N	15.00011
O	^{16}O	15.99492
	^{18}O	17.99916

分子式	式量	精密式量
CH_4	16	16.03132
NH_2	16	16.01873
O	16	15.99492

11・2・2　種々のイオン化を用いたスペクトル

高分子化合物やタンパク質などの分子量は数万から数十万に達する。このような分子を気化させてイオン化させることは困難である。また電子を衝突させると分子が分解し，分子イオンが消失することもある。このような分子をイオン化させ，マススペクトルを測定する工夫がいろいろと行われている。

A　化学イオン化マススペクトル (CIMS)

メタン CH_4 などをイオン化して CH_4^+ とし，これから生じた H^+ を試料分子に衝突させてイオン化する方法である。イオン化させるエネルギーが小さいので分子イオンピークが観察されやすい。

$$CH_4 \xrightarrow{-e^-} CH_4^+$$
$$CH_4^+ + CH_4 \longrightarrow CH_5^+ + CH_3\cdot$$
$$M + CH_5^+ \longrightarrow M-H^+ + CH_4$$

B　高速原子衝撃イオン化マススペクトル (FABMS)

試料を銀板に塗布しておき，ここに高速アルゴン Ar 原子などを衝突させる方法である。試料を気化させる必要がないので分子量 3000 程度の分子まで測定できる。

$$M + Ar(高速) \longrightarrow M^+ + Ar + e^-$$

C　エレクトロスプレーイオン化マススペクトル (ESIMS)

試料を溶かした溶液を霧状にして高電圧をかけると，溶媒から生成した H^+ が試料に付着し，イオン化する（図 11・4）。その後 霧滴から溶媒が蒸発し，気体イオンが生成する。気化させる必要がなく，分子量 10 万程度の分子まで測定できる。

● 発展学習 ●
高分子化合物，タンパク質，多糖類，DNA などの分子量はいくつか調べよう。

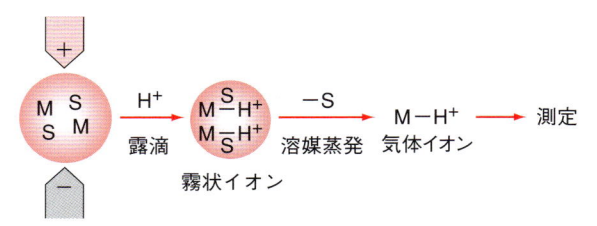

図 11・4　エレクトロスプレーイオン化マススペクトル

11・3　NMR スペクトル

NMR スペクトルは Nuclear Magnetic Resonance spectrum の略であり，核磁気共鳴スペクトルのことである。NMR スペクトルは各種原子の原子核の挙動を見るスペクトルであるが，ここではプロトン（H^+，水素原子の原子核）の NMR スペクトル，^1H-NMR スペクトルを見ることにしよう。

11・3・1　NMR スペクトル

NMR スペクトルの原理を見る前に，NMR スペクトルとはどのようなものかを見ておこう。

図 11・5 はエチルベンゼン $C_6H_5-CH_2-CH_3$ の ^1H-NMR スペクトルである。横軸は化学シフトと呼ばれ，単位は ppm である。通常は 0〜10 ppm の範囲で測定する。縦軸は相対的な吸収の強度を表す。

3 種類のシグナルが 3 か所に見られる。シグナルの高さはいろいろあり，3 本や 4 本に分裂しているものもある。NMR スペクトルではこれら全ての要素が重要な意味を持っているのである。

11・3・2　NMR スペクトルの原理

NMR スペクトルは分子を強力な外部磁場 B に置いて測定する。プロ

> NMR 外部磁場は，歴史的には永久磁石 → 電磁石 → 超伝導磁石と発達してきた。現在では実用的な NMR スペクトルの全ては超伝導磁石を用いている。

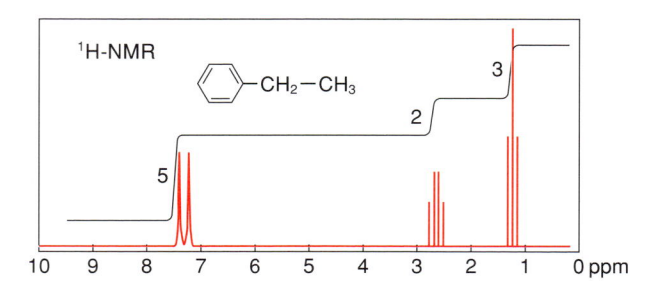

図 11・5　エチルベンゼンの ^1H-NMR スペクトル
線上の数字については 11・4 節参照。

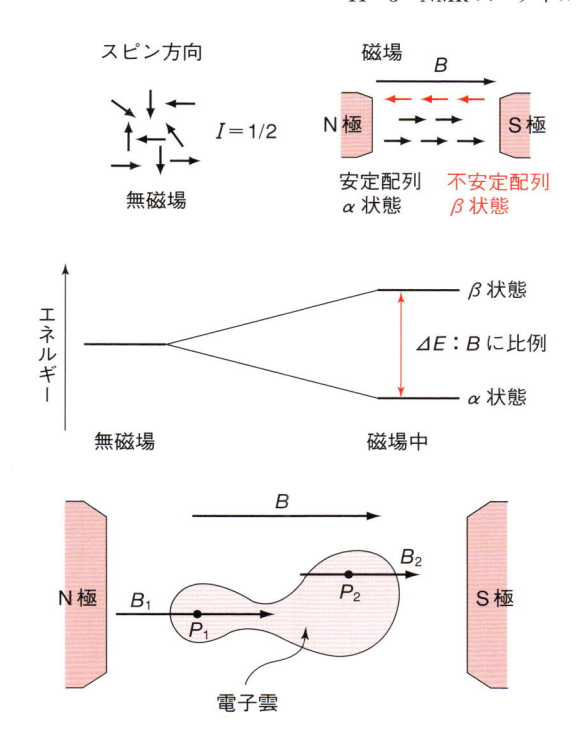

図 11・6 NMR スペクトルの原理

トンは核スピンを持っており，磁石の性質を示すので，外部磁場の方向を向いて低エネルギー化するもの α と，反対向きになって高エネルギー化するもの β に分かれる．このエネルギー分裂の大きさ ΔE は外部磁場 B の大きさに比例する．

この状態のプロトンに電磁波（ラジオ波）を照射すると，低エネルギープロトンは電磁波のエネルギーを吸収して高エネルギー状態になる．

プロトンの周りには電子雲が存在し，その量（電子密度）は分子の場所によって異なる．電子雲は外部磁場を遮る働きがあるので，電子密度の高いところにあるプロトン P_2 は小さい実効磁場 B_2 を感じるのでエネルギー分裂が小さく，電子密度の低いところにあるプロトン P_1 は大きい実効磁場 B_1 を感じるので分裂が大きい．

したがって，プロトンが吸収するエネルギーを測定すればそのプロトン周りの電子密度を推定できることになる（図 11・6）．

● **発展学習** ●
^{13}C-NMR スペクトルについて調べてみよう．

11・3・3 化学シフト

磁場に置かれたことによってエネルギー分裂したプロトンが吸収するエネルギーの情報を表すのが**化学シフト**である．プロトンは周りの電子密度の違いによって種々の化学シフトの位置にシグナルを現す．どのようなプロトンがどのような化学シフトにシグナルを持つかを実験的にまとめたものを図 11・7 に示した．

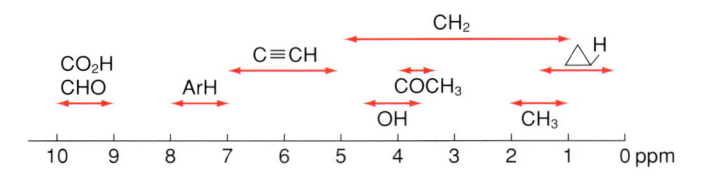

図 11・7 各種プロトンの化学シフト

11・4 NMR スペクトルの解析

NMR スペクトルは非常に多くの情報をもたらしてくれるが，ここではそのうち，分子の構造決定に役立つものを中心に見ていこう。

11・4・1 シグナルの形

図 11・8 はエタノール CH_3CH_2OH の ^1H-NMR スペクトルである。1.2 ppm ほどに 3 本の線からなるシグナル（三重線，トリプレット），3.4 ppm に 1 本線のシグナル（一重線，シングレット），3.7 ppm に 4 本線のシグナル（四重線，カルテット）がある。

シグナルの分裂は隣りに何個の水素があるかを示している。すなわち，プロトン H_A が結合した炭素の隣りの炭素に n 個のプロトン H_B が付いていると，H_A のシグナルは $(n+1)$ 本に分裂するのである。

図 11・9 に示した部分構造の分子の場合，炭素 C_A についた 2 個の水素 H_A のシグナルは隣の炭素 C_B についた 1 個の水素 H_B の影響で 2 本に分裂する。一方，H_B のシグナルは 2 個の H_A によって 3 本に分裂する。2 本に分裂したシグナルの強度比は 1：1 であり，3 本に分裂したものの強度比は 1：2：1 である。また，シグナル全体の強度比は H_A：H_B ＝ 2：1 であり，観測している水素の個数を反映している。

● 発展学習 ●

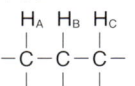

上図のような部分構造がある場合，H_B のシグナルは何本に分裂するか調べよう。

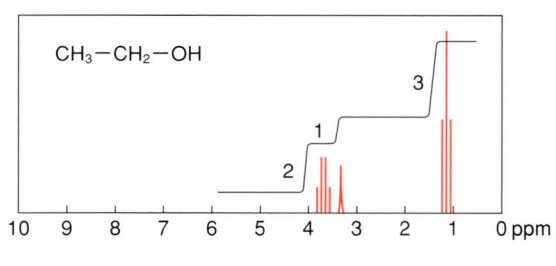

図 11・8 エタノールの ^1H-NMR スペクトル
線上の数字については本文参照。

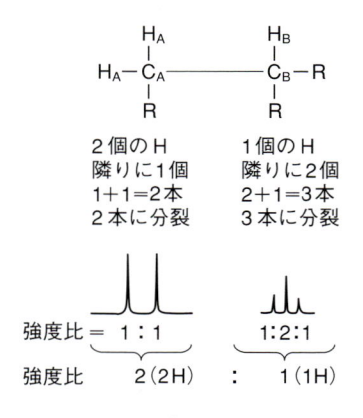

図 11・9 シグナルの分裂様式

11・4・2 積 分 比

　図11・8の階段のような線は積分線であり，各シグナルの面積の相対比を表す（図中，線上の数字参照）。そしてシグナル面積の相対比はそのシグナルに相当するプロトンの個数の相対比に一致する。すなわちこのスペクトルは，エタノールには3種類の水素があり，その個数の比は3：1：2であることを示しており，事実とよく一致する。

> シグナルの面積比が原子数に比例するのは，一般的にはプロトンの場合に限られる。

11・4・3　エタノールの NMR スペクトルの解析

　ここまでの解析により，1.2 ppm の 3 H 分のトリプレットはメチル基 CH_3 のプロトンに相当することがわかった。このプロトンの付いている炭素の隣りの炭素には2個のプロトンが付いている。したがってメチル基のプロトンは 2＋1＝3 本に分裂することになり，事実と一致する。

　一方，3.7 ppm の 2 H 分のカルテットはメチレン基 CH_2 に相当する。この炭素の隣りにはメチル基があり，3個のプロトンが存在する。したがってこのシグナルは 3＋1＝4 本に分裂することになり，事実と一致する。

　このように NMR スペクトルは，化学シフト（電子密度），シグナルの面積積分比（プロトン比），分裂様式（隣りのプロトン数）など，他のスペクトルでは決して得られない情報を与えてくれるのである。

> 本文でシグナルの分裂について述べたことは，炭素に結合した水素に関するものである。酸素（OH）や窒素（NH）に結合した水素は，通常の測定をする限り，この規則は当てはまらず，1本の太い線として現れる。

● この章で学んだこと

- □ 1　マススペクトルは分子量を測定することができる。
- □ 2　高分解能マススペクトルでは分子式を明らかにすることができる。
- □ 3　CIMS はメタンをイオン化し，そのイオンを用いて試料をイオン化するので，分子イオンピークが観測されやすい。
- □ 4　FABMS は高速アルゴンを用いてイオン化し，分子量 3000 程度の分子まで測定できる。
- □ 5　ESIMS は試料溶液をスプレー状にしてイオン化するので，分子量 10 万程度の分子まで測定できる。
- □ 6　NMR スペクトルは分子を強磁場に入れて測定する。
- □ 7　化学シフトは測定原子の周りの電子密度を反映する。
- □ 8　シグナルの面積積分比はプロトン数に比例する。
- □ 9　シグナルの分裂様式は隣りに存在するプロトンの個数を反映する。

演習問題

1　ナフタレン $C_{10}H_8$ の分子イオンシグナルは m/z がいくつになるか。

2　トルエン C_7H_8 のマススペクトルは $m/z = 92, 77, 15$ にピークをもつ。各々のシグナルはどのようなイオンに相当するのか答えよ。

3　CIMSでベンゼンを測定した場合，シグナルが持つ最大の m/z はいくつか。

4　分子量1万5千ほどのタンパク質の分子量を測定したい。どのような方式のマススペクトルを用いればよいか。

5　分子式 C_2H_6O の分子のNMRスペクトルを測定したところ，ただ1本のシグナルしか現れなかった。この分子の構造を推定せよ。

6　メタノールのNMRスペクトルの概略図を示せ。

7　分子 $R_2CH_A-CH_{B2}R$ のNMRスペクトルの分裂の様子を図示せよ。ただし H_A，H_B の化学シフトをそれぞれ4 ppm，2 ppmとする。

8　図11・5のNMRスペクトルはエチルベンゼン $C_6H_5CH_2CH_3$ のものである。各シグナルがどのプロトンに対応するかを示せ。

第 IV 部　機器分析と分離操作

第 12 章

蒸留・抽出・再結晶

● 本章で学ぶこと

　複雑な組成の混合物から目的の物質を分離することは，化学にとって基本的な技術であり，分析化学の大切な研究分野の一つである。

　物質を分離する手段として多くの種類が開発されているが，蒸留，抽出，再結晶，クロマトグラフィーは本質的な操作であり，実際の分離操作はこれらの操作を組み合わせて行うことが多い。このうち本章では蒸留，抽出，再結晶について取り上げる。

　蒸留は複数種類の液体の混合物を，各液体の単品に分離する操作であり，熱を用いることに特色がある。抽出は溶液から特定の組成物だけを溶媒を用いて取り出す操作である。また再結晶は物質の溶解度が温度によって変化することを利用した分離法である。

　本章ではこのようなことを見ていこう。

12・1　蒸　留

　複数の種類の液体の混合物を，熱を用いて分離する操作を**蒸留**という。熱と同時に圧力をも操作する蒸留を特に減圧蒸留あるいは真空蒸留という。

12・1・1　蒸留装置

　図 12・1 は蒸留装置の基礎的なものである。基本的にフラスコ，蒸留塔，冷却器，受け器からできている。そのほかに沸騰石，温度計，加熱器，撹拌器等がつく。

　フラスコに混合溶液を入れ加熱すると，液体が沸騰して気体となる。気体は蒸留塔を上昇して冷却器に入り，冷却器で冷却されて液体になり，受け器にたまるというものである。

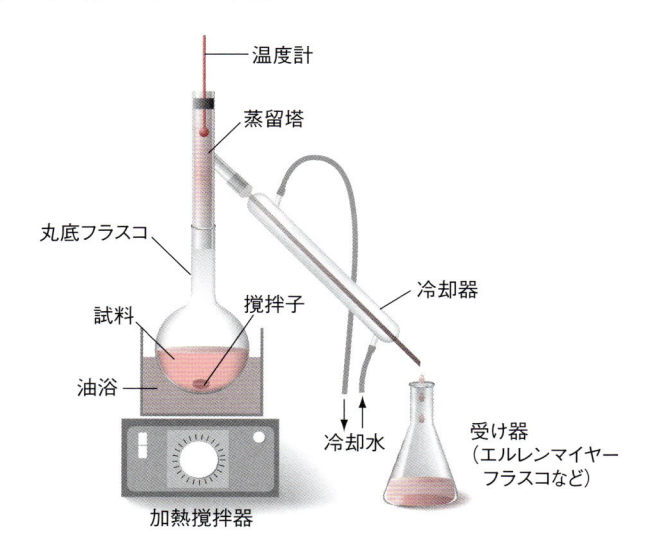

図 12・1　基礎的な蒸留装置

12・1・2　分 留

　図 12・2 は分留の実際を模式的に示したものである。沸点の低い液体 A と高い液体 B の混合溶液の蒸留を考えてみよう。溶液をフラスコに入れ，同時に沸騰石，もしくは撹拌子を入れる。溶液を加熱するとやがて沸騰が始まる。このとき沸騰石が入っていれば沸騰は静かに起こるが，沸騰石が入っていないと突然激しい沸騰（突沸）が起こり危険である。沸騰石がない場合には撹拌子を入れ，撹拌し続けなければならない。

　このとき最初に沸騰するのは沸点の低い A である。A は気体になって蒸留塔を昇り，温度計に触れると同時に冷却器に入って液体になる。

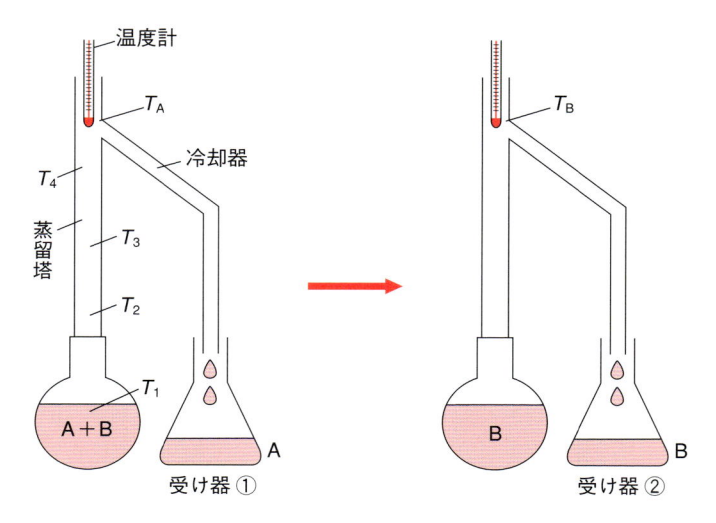

図 12・2　蒸発と冷却　$T_1 \sim T_4$ は図 12・3 に対応する。

このときの温度計の温度はAの沸点 T_A を示している。受け器①には冷却されて液体になったAがたまる。

やがてAが出尽くすと気体はなくなるので温度計の温度は下がってくる。これでAの留出は終りなので受け器を別のもの②に代える。

次に加熱を強めてBの沸点以上で温めるとBが沸騰し始める。そしてBの液体が蒸留塔を登り，温度計に触れるので温度計はBの沸点 T_B を示す。Bの気体は冷却されて新しい受け器②にたまる。

こうして受け器①には液体A，②にはBという具合に混合溶液が二つの成分A，Bに分けられたことになる。このように混合溶液を蒸留で分けることを**分留**という。

● 発展学習 ●
減圧蒸留の装置について調べよう。

12・2 分留の理論

前節で分留の基本的な操作法を見た。しかし実際の分留はもう少し複雑である。ここでは分留をもう少し詳しく見てみよう。

12・2・1 分留の状態図

図12・3は沸点 T_A の物質Aと沸点 T_B の物質Bからなる混合物の状態図である。横軸は成分の相対濃度であり，縦軸は温度である。

グラフは2本の曲線（液相線と気相線）によって三つの領域に分けられている。液相線より下は液相の領域であり，全成分が液体として存在する。一方，気相線より上は気相の領域であり，全成分が気体として存在する。そして，気相線と液相線に挟まれた領域では気相と液相が共存する。

今，組成aの混合物を加熱したとしよう。温度は点線に沿って上昇す

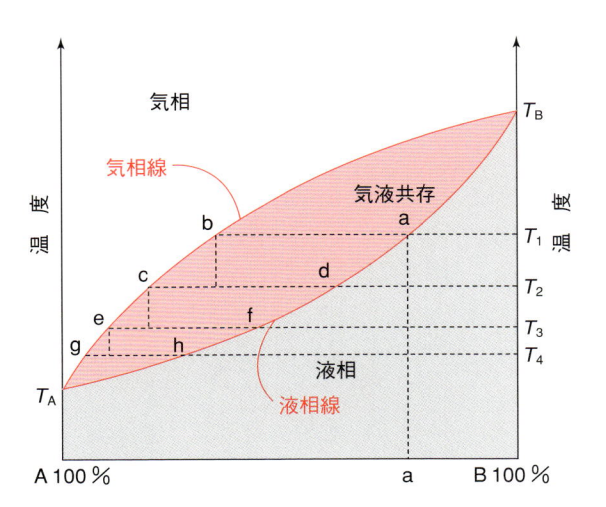

図12・3 沸点の異なる混合物の状態図

るが，線分 aa の間では液体のままである。溶液の温度が上がり，T_1 になって液相線に達したところで沸騰が始まる。このとき，気体として蒸発するのは混合物の気体であり，その組成は温度 T_1 における気相線の成分である b である。

気体 b は蒸留塔を上るに連れて温度が降下し，一部は液化する。温度 T_2 になったときに液化した液体の組成は d であり，気体の組成は c である。そこからさらに温度降下して T_3 になったとすると，そのときの気体組成は e，液体組成は f である。

以上の分別が蒸留塔の中で自動的に繰り返される。その結果，最終的に気体の成分は A の純品に近いものとなる。この気体を冷却することにより，液体 A を分留するのが蒸留である。A の分留が全て終わった後のフラスコ内には B が残ることになる。

12・2・2 共沸混合物

混合溶液の状態図は前項のようなものばかりではない。図 12・4 では気相線，液相線が組成 c のところで極小値をもっている。

組成 d の溶液を分留してみよう。前項と同じ操作を行うと液体として流出されるのは組成 c の混合物である。また，組成 e の混合物を分留しても出てくるのはやはり組成 c の溶液である。

この組成 c の混合物を**共沸混合物**という。このような混合物を純粋の A，B に分離することは蒸留では不可能である。まったく別の原理に基づく分離法でなければ分離できない。

図 12・4 によれば，組成 c の液体の沸点は 69 ℃ である。組成 c には水が含まれている。ということは，ベンゼンに混合した水は 100 ℃ でなく，69 ℃ に加熱しただけで除くことができることを意味する。

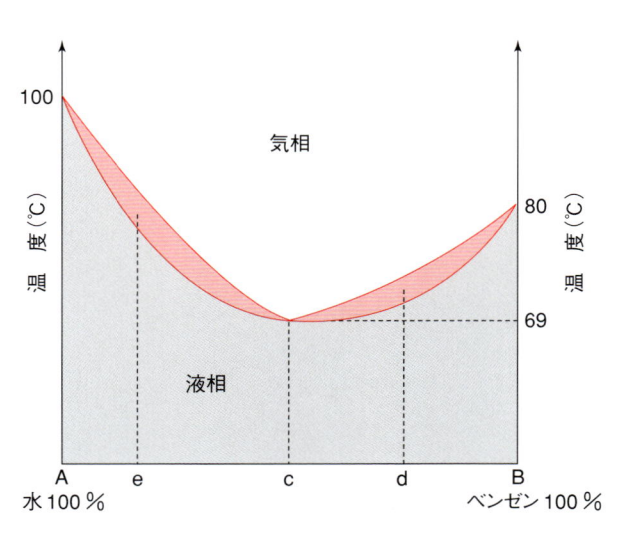

図 12・4 共沸混合物の状態図

12・3 溶媒抽出

混合物を溶媒の溶解力を用いて分離することを**溶媒抽出**という。

12・3・1 固体からの抽出

お茶やコーヒーは抽出を利用した飲料である。お茶の葉やコーヒー豆という固体から，お湯（水）という溶媒の溶解力を用いて旨みの成分だけを抽出しているのである。

固体からの抽出は天然物の研究に欠かせない手段である。溶媒としては水，アルコール，ベンゼンなどあらゆるものが利用される。

12・3・2 混合物の抽出

2種類の溶媒の溶解力の違いを利用した抽出を考えてみよう（**図 12・5**）。2種類の物質 A，B の混合物があり，A は水に溶けるが有機溶媒に溶けず，B は水に溶けないが有機溶媒に溶けるとしよう。

A，B の混合物に水と有機溶媒を入れてよく撹拌すると，混合物と溶媒は溶けて混じって濁った混合物になる。この混合物をしばらく放置すると，水と有機溶媒の比重の違いにより，下部の水層と上部の有機層に分離する。

水層には A が溶けており，有機層には B が溶けている。したがって，この両層を分離し両者から溶媒（水と有機溶媒）を除去すれば A と B が分離されることになる。

● 発展学習 ●
有機溶媒は水より軽い（比重が1以下）とは限らない。水より重い有機溶媒にはどのようなものがあるか調べよう。

図 12・5　2種類の溶媒を使った混合物の抽出

12・3・3 分液ロート

2種類の溶媒を用いた抽出で利用されるのが分液ロートといわれる器具である。分液ロートには上部に栓，下部にコックが付いている。

● 発展学習 ●
溶液から溶媒を除くにはロータリーエバポレーターという装置を用いるのが一般的である。ロータリーエバポレーターとはどのようなものか調べよう。

上部の口から2液体の混合物を入れ，栓をしたのち容器を激しく振って中の液体を混ぜ，その後放置すると上下2層に分かれる。コックを開いて下部の液体を受け器①に入れ，その後，上部の口から上層の液体を別の受け器②に入れれば液体が分離されることになる（**図12・6**）。

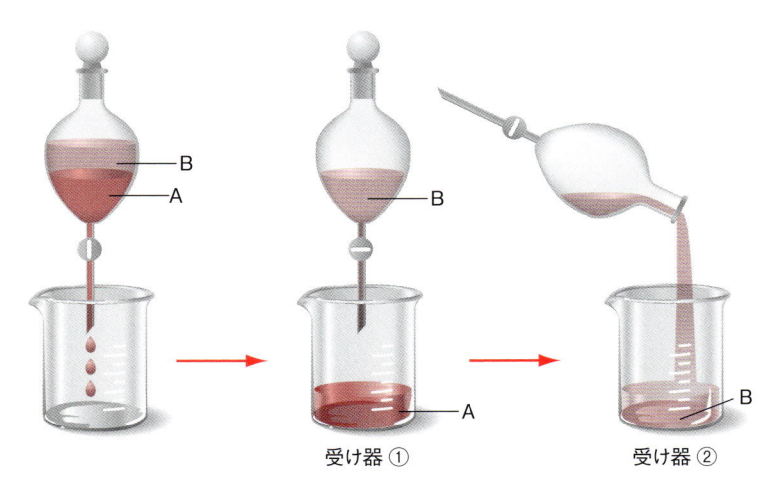

図 12・6 分液ロートによる分離

12・4 再 結 晶

結晶を高温の溶媒に溶かして溶液とし，その後温度を下げて結晶を析出させる操作を**再結晶**という。不純物を含む結晶を精製させる操作として一般的なものである。

1・4節で見たように，固体の溶解度は多くの場合，溶媒の温度と共に上昇する。今，物質A，Bの溶解度の温度依存性が**図12・7上**に示したようであったとしよう。物質A 80 gの中に不純物として物質Bを1 g含む結晶を再結晶してみよう。

結晶 81 g（A：80 g，B：1 g）を 90 ℃ のお湯 100 mL に入れる。Aの 90 ℃ での水への溶解度は 100 g であり，B は 50 g であるから，結晶は完全に溶解する。その後，溶液を放冷して室温（20 ℃）にしよう。Aの 20 ℃ での溶解度は 10 g であるから，差の 70 g が溶けきれなくなって結晶として析出する。

このときBはどうであろうか。Bの 20 ℃ での溶解度は 5 g であるから，結晶に含まれていた 1 g は溶けたままである。すなわち，再結晶の結果析出した結晶は不純物Bを含まない純粋なAの結晶なのである。

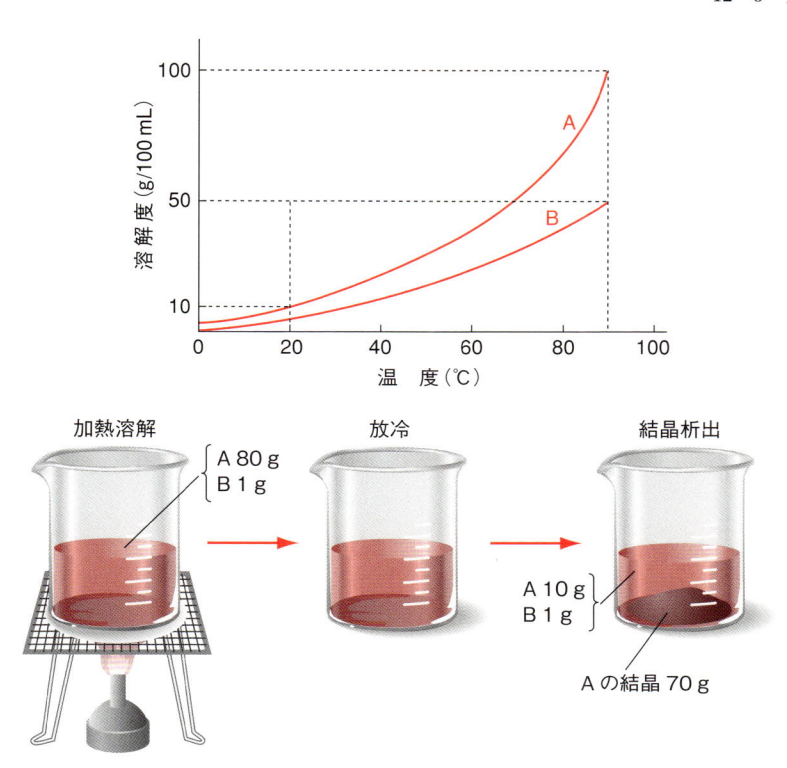

図 12・7　溶解度の温度依存性

12・5　昇　華

　固体が液体状態を通らずに気体になることを**昇華**という。昇華によって物質を分離することもできる（**図 12・8**）。

　昇華性のある物質 A と昇華性のない物質 B の混合物である粗結晶を適当な容器に入れ，加熱すると A だけが昇華して気体になる。容器の上部に冷却器を置くとそこで A の気体は冷却されて結晶となる。この結晶は B を含まない純粋の A である。

●発展学習●
身の回りにある物質で昇華性のものを探してみよう。

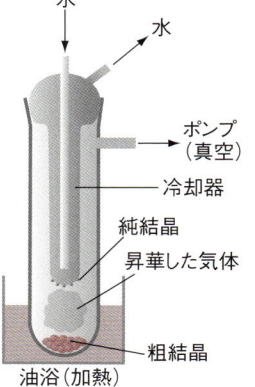

図 12・8　昇華による分離の模式図

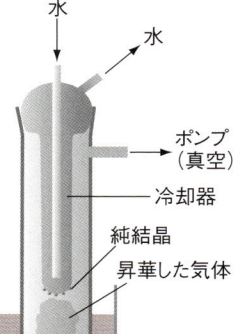

●この章で学んだこと

- □ 1　液体の混合物を分離するには蒸留を用いる。
- □ 2　蒸留装置は容器，蒸留塔，冷却器，受け器からなる。
- □ 3　蒸留を解析するには状態図を用いる。
- □ 4　共沸混合物とは2種の液体が混合物として留出する溶液である。
- □ 5　溶媒に溶けることを用いて分離する操作を抽出という。
- □ 6　抽出には分液ロートを用いると便利である。
- □ 7　結晶を純粋にするには再結晶を用いる。
- □ 8　昇華性のある物質は昇華によって純粋にすることもできる。

●演習問題●

1　蒸留で沸騰石を入れ忘れたらどのような現象が起こるか。
2　図12・1で冷却器の水の流れ方を反対にしたらどのようになるか。
3　組成 c の共沸混合物を加熱蒸発させたら，蒸発初期の気体の組成，終期の組成はどのようになるか。
4　ベンゼンの沸点は80℃であり，水と共沸混合物を作る。ベンゼンに混じった少量の水を除くには最低何℃に加熱すればよいか。
5　水溶性の不純物少量を含んだ有機溶液から不純物を除くにはどのようにすればよいか。
6　酸性の物質Aと少量の塩基性の物質Bを溶かした有機溶液がある。ここからBを除くにはどのようにすればよいか。
7　再結晶では加熱溶媒を用いることが多い。その理由は何か。
8　再結晶中の溶液を放置したところ，溶媒が蒸発して半分ほどになった。どのような現象が起こるか。

第 IV 部　機器分析と分離操作
第 13 章

クロマトグラフィー

● 本章で学ぶこと

　混合物を各成分に分離する技術の一つにクロマトグラフィーと呼ばれるものがある。クロマトグラフィーは混合物の溶液を吸着物質に吸着させ、そこから適当な溶媒を用いて成分を溶け出させるものである。すると、吸着力の弱いものから順に溶媒に溶け出すので、混合物を各成分に分離することができる。

　白いシャツにコーヒーをこぼすと中心は濃い茶色の染みになるが、周囲の色は薄くなる。これはシャツが吸着物質、コーヒーが混合物、水が溶媒となってコーヒーの成分が分離されたのであり、クロマトグラフィーの原理である。

　クロマトグラフィーは分離能力が高く、かつ少量の試料でも分離できるので現代の分離技術の代表的なものである。

　本章ではこのようなことを見ていこう。

13・1　クロマトグラフィーの種類

　混合物を、各成分の吸着剤に対する吸着能力の差によって分離する分離法を、一般に**クロマトグラフィー**という（図13・1）。

　クロマトグラフィーには、吸着剤に用いる物質の種類により、ペーパークロマトグラフィー（紙）、アルミナクロマトグラフィー（アルミナ Al_2O_3）、シリカゲルクロマトグラフィー（シリカゲル SiO_2）などがある。

　アルミナ、シリカゲルなどは細かい粒子状の物質であり、通常ガラス管などのカラム（管）に詰めて用いるので、これらを用いるクロマトグラフィーをカラムクロマトグラフィーと呼ぶこともある。

　また、試料をガス状にして分離するか、溶液状にするかによってガスクロマトグラフィー（GC）、液体クロマトグラフィー（LC）に分けるこ

クロマトとはギリシャ語で"色彩"のことであり、クロマトグラフィーは色素の混合物を分離することからついた名称である。

クロマトグラフィー ─┬─ ペーパークロマトグラフィー
　　　　　　　　　 └─ カラムクロマトグラフィー ─┬─ 液体クロマトグラフィー ─┬─ アルミナカラムクロマトグラフィー
　　　　　　　　　　　　　　　　　　　　　　　　　│　　　　　　　　　　　　└─ シリカゲルカラムクロマトグラフィー
　　　　　　　　　　　　　　　　　　　　　　　　　└─ ガスクロマトグラフィー

図 13・1　クロマトグラフィーの分類

ともある。

13・2　ペーパークロマトグラフィー

吸着剤に紙を用いるクロマトグラフィーを**ペーパークロマトグラフィー**と呼ぶ（図 13・2）。最も簡便で基本的なクロマトグラフィーである。

●発展学習●
薄層クロマトグラフィーについて調べてみよう。

短冊状に切ったろ紙の下部に混合試料をつけ（染み込ませ），それを展開槽（通常は円筒状のガラス容器）に立て，下部に適当な溶媒（展開溶媒という）を入れる。このとき，試料をつけた点は溶媒の中に入らないように注意することが必要である。

溶媒は毛細管現象によってろ紙上を上昇する。それと共に試料も上昇する。しかし，試料の成分によってろ紙との吸着能力に差がある。そのため，吸着能力の低いものほど上昇速度が速くなる。この結果，しばらく経つとろ紙の上に，吸着能力の差によって成分が分離されてスポットができる。

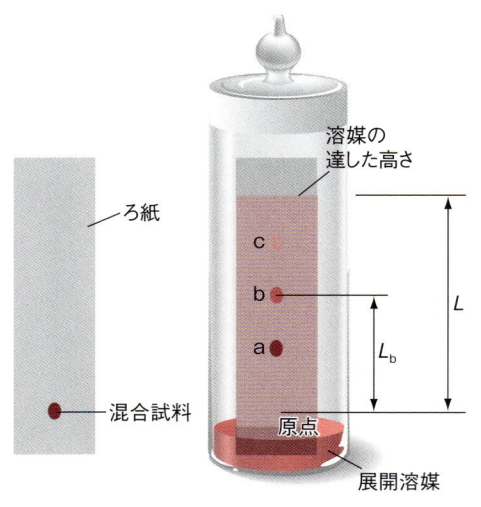

成分 b の R_f 値 ＝ L_b/L

図 13・2　ペーパークロマトグラフィー

標準試料を同じ条件でペーパークロマトグラフィーで展開しておけば，その高さ（R_f値）を比較することで成分の種類を推定することができる。各成分を取り出すためには，ろ紙を各成分のスポットごとに切り分け，適当な溶媒で抽出すればよい。

13・3 カラムクロマトグラフィー

カラムクロマトグラフィーは吸着剤を管に詰めて行うクロマトグラフィーであり，各種クロマトグラフィーの基本である。ガスクロマトグラフィー，液体クロマトグラフィーは，この管を通す試料や展開溶媒に相当するものをガス状にするか液体状にするかによって分けたもので，カラムクロマトグラフィーの一種である。ここでは吸着剤にシリカゲルを用いるシリカゲルカラムクロマトグラフィーについて見てみよう。

13・3・1 吸着

カラムクロマトグラフィーを行うためには，吸着剤（シリカゲル）をカラムに詰め，そこに試料を吸着させなければならない。そのために以下の操作を行う。カラムクロマトグラフィー用カラムに展開溶媒を入れる。カラムの下部に脱脂綿などを詰めて，シリカの微粒子が落ちないようにする。シリカの微粒子をカラムの上から少しずつ落とし，適当な高さにまで詰める。コックを開けて溶媒を流出させ，溶媒の液面とシリカ層の高さを一致させる。

分離する試料を少量の適当な溶媒に溶かし，シリカ層の最上部に滴下してシリカに吸着させる。

13・3・2 分離操作

カラムクロマトグラフィーの操作は単純である。具体的には次のようにする（図 13・3）。

① カラム上部の空間に展開溶媒を入れて，下部のコックを開ける。展開溶媒は試料層，シリカ層を通過して下の受け器 ① にたまる。
② 試料は展開溶媒につられて，シリカ層を下の方へ移動する。このとき，各成分のシリカに対する吸着能力の違いによって，移動する速度に違いが出る。
③ 成分 A が流出口に達したら受け器 ② に代える。受け器 ② に成分 A を含んだ溶液がたまる。
④ A を含む溶液が流出し終わったら受け器を ③ に代える。
⑤ 成分 B を含んだ溶液が受け器 ③ にたまる。

●発展学習●

イオン交換樹脂カラムクロマトグラフィーについて調べよう。

カラムクロマトグラフィーは大量の試料の分類も可能なため，合成的な研究にも用いることができる。

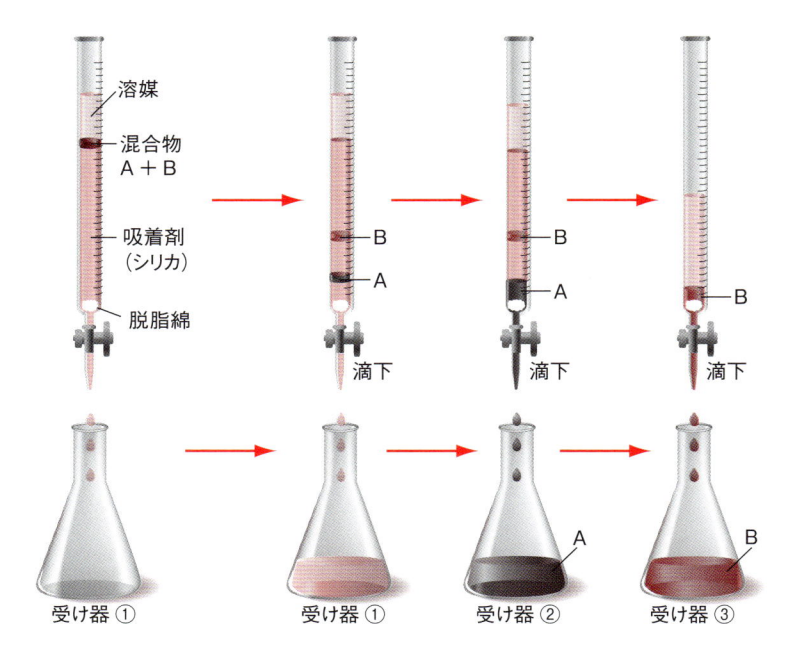

図 13・3　カラムクロマトグラフィーの操作手順

⑥ 展開溶媒を蒸発（留去）させると各成分が得られる。

このようにして，混合試料を各成分に分離することができる。

吸着層としてシリカゲルの代わりにアルミナを用いればアルミナカラムクロマトグラフィーとなる。

13・4　液体クロマトグラフィー

　液体試料を用いるクロマトグラフィーを**液体クロマトグラフィー**（Liquid Chromatography, LC）という。したがって，先に見たペーパークロマトグラフィー，カラムクロマトグラフィーは液体クロマトグラフィーの一種ということになる。

　しかし，一般に液体クロマトグラフィーというときには高速液体クロマトグラフィー（High-Performance LC, HPLC）を指すことが多い。HPLC とは次のようなものである。

　すなわち，カラムクロマトグラフィーで試料を精密に分離するためには，多量の吸着剤を入れた長大なカラムを用いればよい。しかし，このようなカラムを液体試料が重力によって通過するには長い時間がかかり，実用的ではない。そのため，展開溶媒に高圧をかけ，高速でカラムを通過させようというのが HPLC の原理である。したがって，分離の原理はカラムクロマトグラフィーと何ら変わるものではない。

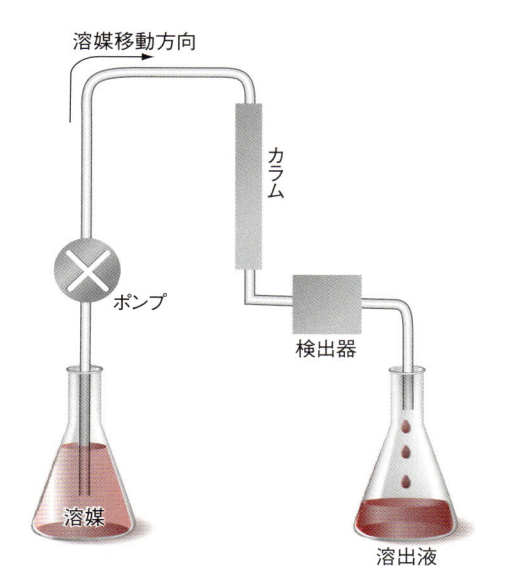

図13・4　HPLCの構造の模式図

検出器は展開溶媒に試料が混じると溶媒の屈折率が変化することを用いて試料の有無を判定する。

　HPLCの構造の模式図を**図13・4**に示した。カラムには高圧がかかるので、多くはステンレスでできている。展開溶媒はポンプによって高圧をかけてカラムに送られ、カラムの出口には溶出試料を確認するための検出器が置かれる。検出器にはIRスペクトル、UVスペクトル、屈折計などが用いられる。

13・5　ガスクロマトグラフィー

　気体試料を吸着剤の入った細いカラムに通して分離するクロマトグラフィーを**ガスクロマトグラフィー**（Gas Chromatography, GC）という。なお溶液試料は高温に加熱して気化させて用いる。そのため、高温で変

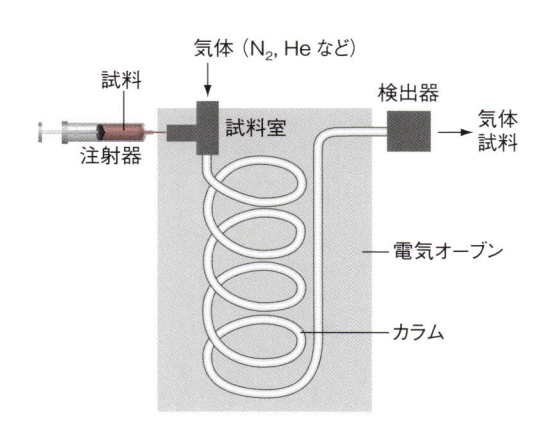

図13・5　ガスクロマトグラフィーの装置の模式図

13・5・1 装 置

ガスクロマトグラフィーの装置の模式図を図 13・5 に示した。装置は主に次の三つの部分からできている。
① 溶液試料を高温で気化させる試料室
② カラムを高温に保つ電気オーブン
③ 試料を検出する検出器

13・5・2 分 離 操 作

試料溶液はマイクロシリンジ（注射器）に入れ，試料室の入り口のゴム製の蓋を突き刺して導入される。試料室は高温になっており，試料は直ちに気化してガスとなる。

ガスとなった試料は窒素やヘリウムなどの搬送気体に混じり，高温に熱せられたカラムに送られる。カラムには各種の吸着剤が詰められており，試料はカラムを通る間に，吸着剤に対する吸着力の違いによって分離され，分離された順に検出器に達する。

検出の方法は主に二通りある。一つは流出してくる混合気体の熱伝導度の違いを用いるものであり，この場合は成分の分子は変化しない。もう一つは，流出した成分を着火燃焼してその結果生成した二酸化炭素の量を測るものである。この方法は鋭敏であるが，試料は燃えてなくなる。

> 熱伝導度を用いる検出法では，試料を燃焼させることなく入手できるので，その試料を用いてスペクトルなどを測定することができる。しかし本文にもあるように，GC を合成的な目的に使うことは一般に困難である。

13・5・3 分 析 結 果

図 13・6 は，各種の有機化合物の混合物をガスクロマトグラフィーで

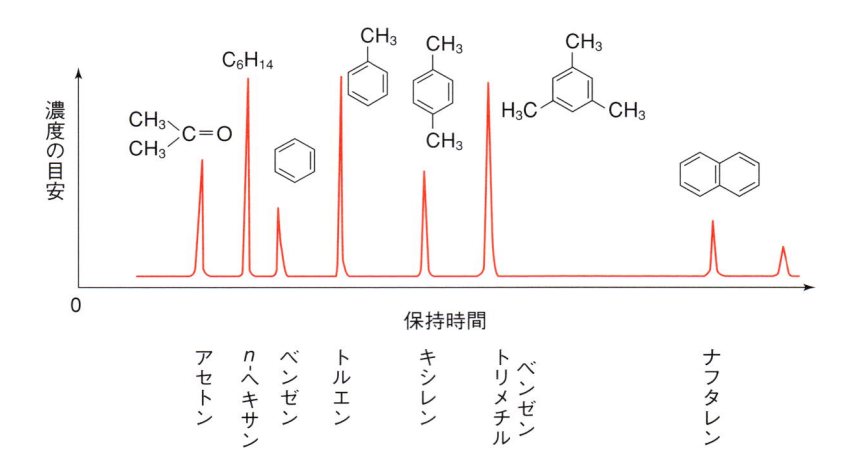

図 13・6　各種有機物の混合物をガスクロマトグラフィーで分析した結果

分析した結果である。横軸は時間（保持時間）であり，試料を導入したあと検出するまでに要した時間である。縦軸は濃度の目安を表す。多くの有機物がほぼ完全に分離されていることがわかる。

ガスクロマトグラフィーの特徴はこのように感度，精度が高いことである。すなわち，微量の試料で正確な分析ができる。一方，短所は大量の試料の分析ができないことである。そのため，反応混合物を分離して分取するような，合成的な目的には向かない。

13・6　GC-MS

ガスクロマトグラフィー（GC）とマススペクトル（MS，11・1節）を組み合わせた分析装置を，一般に **GC-MS**（あるいは GC マス）という。ガスクロマトグラフィーの高感度，高精度分離能力とマススペクトルの高感度分析能力の長所をあわせたものである。

図 13・7 は GC-MS を模式化したものである。分析試料はまずガスクロマトグラフィー部分に送られ，ここで成分 A，B に分離される。各成分はそのままマススペクトルのイオン化室に運ばれ，順次マススペクトル測定が行われる。マススペクトルの測定結果より，各成分の構造を同定，決定することができる。

このように GC-MS は，極微量の試料を短時間のうちに分離，分析し，成分の同定を行うことができる。そのため，公害関係の試料分析など各種の分析になくてはならないものになっている。

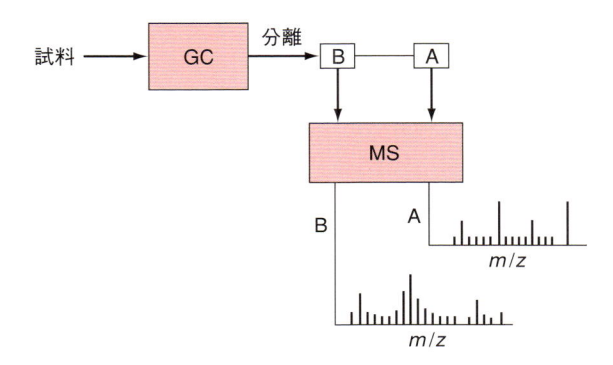

図 13・7　GC-MS の模式図

● この章で学んだこと

- □ 1 クロマトグラフィーとは吸着物質に対する試料の吸着能力の違いを利用して分離する技術である。
- □ 2 吸着物質として紙を用いるものをペーパークロマトグラフィーと呼ぶ。
- □ 3 吸着物質をカラム（管）に詰めて用いるものをカラムクロマトグラフィーと呼ぶ。
- □ 4 カラムクロマトグラフィーの吸着物質にはアルミナやシリカゲルが用いられることが多い。
- □ 5 試料を加熱・気化して分離するものをガスクロマトグラフィーと呼ぶ。
- □ 6 ガスクロマトグラフィーは高感度高精度分析ができるが，少量の試料しか分析できない。
- □ 7 ガスクロマトグラフィーとマススペクトルを合体させて高感度分離分析ができるようにした装置を GC-MS と呼ぶ。

● 演習問題 ●

1 ペーパークロマトグラフィーで，試料をつけた点を溶媒の中に漬けたらどのような現象が起こるか。
2 油性インクの成分をペーパークロマトグラフィーで分離したい。展開溶媒として水を用いることはできるか。
3 図 13・3 で，成分 A と B ではどちらが吸着物質に対する吸着能力が大きいか。
4 13・3・1 項で，試料を大量ではなく "少量の" 溶媒に溶かしているのはなぜか。
5 ガスクロマトグラフィーでは試料溶液を加熱して気体とする。この結果，試料にどのような影響が出る可能性があるか。
6 図 13・6 で保持時間がベンゼンより長いものに関して，分子量と保持時間の関係を求めよ。どのようなことがわかるか。
7 ガスクロマトグラフィーの吸着物質を変えたら，保持時間はどのようになるか。
8 ガスクロマトグラフィーで分離した成分の構造を推定するにはどのような手段があるか。
9 GC-MS で，GC 部分で分離した成分を MS 部分で質量測定することにはどのような利点があるか。

演習問題解答

●序章 はじめに●

1 小麦粉は多数のデンプン分子やタンパク質分子の集合体であり，水中でもそれらの分子は一分子ずつにバラバラにはなっていない。そのため，溶液とはいわない。

2 溶媒：水　　溶質：食塩（塩化ナトリウム）

3 酸：H^+ を出すもの　　塩基：H^+ を受けとるもの

4 酸性：H^+ が OH^- より多い状態　　塩基性：H^+ が OH^- より少ない状態

5 pH = 1.0：酸性　　pH = 7.5：塩基性

6 A：酸素を失っている。∴ 還元された。　　B：酸素を得ている。∴ 酸化された。

7 定性分析：試料中の元素の種類だけを明らかにすること。
定量分析：試料中の元素の種類と重量を明らかにすること。

8 光速 c は波長 λ と振動数 ν の積である。
　$c = \lambda \nu$　　$\nu = c/\lambda$　　$E = h\nu = hc/\lambda$
したがって ν は λ に反比例するので，エネルギーは λ に反比例することになる。

9 蒸留によって除く。（ジュースを凍結して昇華（凍結乾燥）させてもよい。）

第 I 部　基礎編

●第 1 章　溶解と濃度●

1 a）溶媒：水　溶質：食塩　b）溶媒：水　溶質：二酸化炭素　c）溶媒：水　溶質：エタノール

2 c）鉄：室温で固体なので溶媒にはなれない。

3 砂糖 34.2 g は 0.1 モルである。水を加えて溶かし全量を 100 mL にする。

4 1 質量モル濃度の砂糖水は砂糖 342 g と水 1000 g からなる。したがって質量パーセント濃度は，
$(342/(342 + 1000)) \times 100 = 25.5$（％）となる。

5 図 1・6 A において ① = 100 J/mol，② = 200 J/mol に相当する。したがって両者の差の 100 J/mol だけ発熱する。

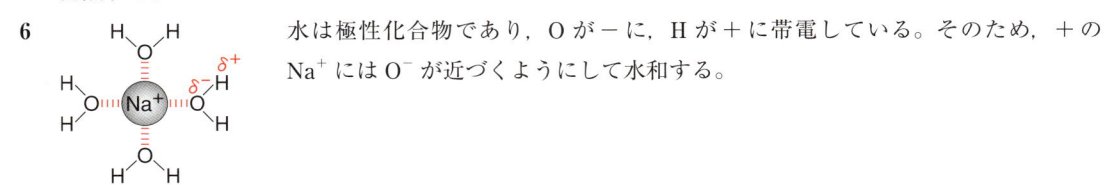

6 水は極性化合物であり，O が －に，H が ＋に帯電している。そのため，＋の Na^+ には O^- が近づくようにして水和する。

7 溶媒の量を少なくすればよい。すなわち，水を蒸発させればよい。

8 栓を開けたことによってビン内の気圧が下がり，ヘンリーの法則によって気体の溶解度が下がったためである。

9 ヘンリーの法則により気体の溶解度（質量）は圧力に比例するので B の溶ける質量は 2 倍の 2 g となる。しかし，溶解度（体積）は圧力によって変化しないので B の溶ける体積は 100 mL のままである。

● 第 2 章　平 衡 反 応 ●

1　$HCOOH \rightleftharpoons H^+ + HCOO^-$

$$K_a = \frac{[H^+][HCOO^-]}{[HCOOH]}$$

$NH_3 + H_2O \rightleftharpoons NH_4^+ + OH^-$

$$K_b = \frac{[NH_4^+][OH^-]}{[NH_3]}$$

2　$HOOC-COOH \rightleftharpoons H^+ + HOOC-COO^-$

$$K_{a1} = \frac{[H^+][HOOC-COO^-]}{[HOOC-COOH]}$$

$HOOC-COO^- \rightleftharpoons H^+ + {}^-OOC-COO^-$

$$K_{a2} = \frac{[H^+][{}^-OOC-COO^-]}{[HOOC-COO^-]}$$

3　酢酸の K_a とシュウ酸の K_1 を比較するとシュウ酸の平衡定数の方がかなり大きい。これは解離平衡がより右に傾いていること，すなわち解離が進んでいることを示している。同じ濃度の酸溶液であるとき，シュウ酸溶液の方が溶液中の水素イオンが多いので，シュウ酸の方が明らかに強い酸である。

4　0.1 mol/L の塩化ナトリウム NaCl 溶液　$[Na^+] = [Cl^-] = 0.1 \,(mol/L)$

イオン強度を求める式に代入して，$I = 1/2\,(0.1 \times 1^2 + 0.1 \times 1^2) = 0.1$

0.1 mol/L の硫酸マグネシウム $MgSO_4$ 溶液　$[Mg^{2+}] = [SO_4^{2-}] = 0.1 \,(mol/L)$

同様に，$I = 1/2\,(0.1 \times 2^2 + 0.1 \times 2^2) = 0.4$

0.1 mol/L の硫酸ナトリウム Na_2SO_4 溶液　$[Na^+] = 0.2 \,(mol/L)$　$[SO_4^{2-}] = 0.1 \,(mol/L)$

同様に，$I = 1/2\,(0.2 \times 1^2 + 0.1 \times 2^2) = 0.3$

5　電解質には，電離度がほぼ1でほとんど完全に電離する強電解質と，電離度が小さくほとんど電離しない弱電解質がある。

強電解質の例：塩酸 HCl や水酸化ナトリウム NaOH のような強酸や強塩基，塩化ナトリウム・硝酸カリウムなどの塩

弱電解質の例：酢酸 CH_3COOH やアンモニア NH_3 のような弱酸や弱塩基

酸と塩基の中和反応で生成する塩も強電解質であるが，その中で弱酸と強塩基との塩や強酸と弱塩基との塩の場合，生成するイオンと水の反応によりそれぞれ弱酸および弱塩基に戻る化学平衡がある。

6　活量係数：溶液中のイオンの総数ならびにそれらの電荷（溶液のイオン強度）。また，組成（すなわち平衡に関係する化学種の濃度および関係しない化学種の濃度）が変われば活量係数の値も変化する。

平衡定数：（活量係数を1に近似できる希薄溶液の場合）温度。（活量係数を1に近似できない場合）溶液のイオン強度や組成。もちろん，溶媒が変われば平衡定数も変化する。（ただし，一般的には水が溶媒として用いられている。）

7　$N_2 + 3H_2 \rightleftharpoons 2NH_3$

まず，(1) 高圧（反応物側が 4 mol に対し，生成物側が 2 mol である），(2) 低温（発熱反応である）という条件が考えられる。さらに，(3) 系より生成物のアンモニアを取り除くことで，結果的に平衡を生成物側に傾けることができる。

8 $\begin{cases} HCl \longrightarrow H^+ + Cl^- \text{（完全解離）} \\ H_2O \rightleftharpoons H^+ + OH^- \end{cases}$

この溶液中の水素イオン濃度は，塩酸の解離によって生じた水素イオンの濃度と水の解離によって生じた水素イオンの濃度の和となる。

$$[H^+] = [H^+]_{HCl} + [H^+]_{H_2O}$$

ここで，$[H^+]_{HCl} = [Cl^-]$，$[H^+]_{H_2O} = [OH^-]$

これより，$[H^+] = 1.00 \times 10^{-8} + 1.00 \times 10^{-14}/[H^+]$

$$[H^+]^2 - 1.00 \times 10^{-8}[H^+] - 1.00 \times 10^{-14} = 0$$
$$[H^+] = 1.05 \times 10^{-7} \text{(mol/L)} \quad pH = 6.98$$

9 $$H_2O \rightleftharpoons H^+ + OH^-$$
$$K_W = [H^+][OH^-]$$

中性溶液より，$[H^+] = [OH^-]$ ∴ $[H^+] = \sqrt{K_W}$

10 ℃ のとき，$[H^+] = \sqrt{2.92 \times 10^{-15}} = 5.40 \times 10^{-8}$ (mol/L)，pH = 7.27

30 ℃ のとき，$[H^+] = \sqrt{1.49 \times 10^{-14}} = 1.22 \times 10^{-7}$ (mol/L)，pH = 6.91

第 II 部　基本的分析

● 第3章　酸・塩基 ●

1 $\underbrace{HNO_3 \rightleftharpoons \underbrace{H^+ + NO_3^-}}_{\text{共役酸} \qquad \text{共役塩基}}$

2 $\underbrace{KOH \rightleftharpoons \underbrace{K^+ + OH^-}}_{\text{共役塩基} \qquad \text{共役酸}}$

3 $\underbrace{H_2O + \underbrace{H_2O \rightleftharpoons H_3O^+}_{\text{共役塩基} \quad \text{共役酸}} + OH^-}_{\text{共役酸} \qquad\qquad\qquad \text{共役塩基}}$

4 $\underbrace{H_2O}_{\text{ルイス塩基}} + \underbrace{H^+}_{\text{ルイス酸}} \rightleftharpoons H_3O^+$

5 $H^+ + Cu^+ + F^- + I^- \rightleftharpoons HF + CuI$

HSAB 則により，硬いものと硬いもの（H^+ と F^-），軟らかいものと軟らかいもの（$Cu^+ + I^-$）が反応する。

6 共役関係にある酸と塩基の間には 25 ℃ で $pK_a + pK_b = 14$ の関係がある。∴ $pK_b = 14 - (-1.3) = 15.3$

7 塩酸の解離度が 100 % なので，pH $= -\log(10^{-4}) = 4$ （ここでは塩酸濃度が比較的高いので水の解離によって生じる $[H^+]$ を無視しているが，厳密に計算するには含めて考える必要がある。第 2 章の問題 8 を参照。）

8 灰は植物が燃焼した後の残渣である。植物体の大部分は有機物であり，これは燃焼すると CO_2，H_2O となって揮発する。残りは無機物の酸化物であり，Na_2O，K_2O，CaO などである。これらは水に溶けると

● 第4章　酸・塩基の容量分析 ●

1　a) 2価　　b) 1価　　c) 2価　　d) 2価

2　$H_3PO_3 + NaOH \longrightarrow NaH_2PO_3 + H_2O$　　　$NaH_2PO_3 + NaOH \longrightarrow Na_2HPO_3 + H_2O$
　　　　　　　　　　　　　酸性塩　　　　　　　　　　　　　　　　　　　　　　酸性塩

　　$Na_2HPO_3 + NaOH \longrightarrow Na_3PO_3 + H_2O$
　　　　　　　　　　　　　正塩

3　a) CH_3CO_2Na　　b) $NaHCO_3$　　c) Na_2CO_3　　d) $CaSO_4$
　　　正塩　　　　　　　酸性塩　　　　　　正塩　　　　　　正塩

4　問3解答を見よ。

5　濃度未知試料の濃度を x とすると　$100x = 0.2 \times 5$　∴　$x = 0.01$ (mol/L)

6　必要な体積を x とすると　$0.1 \times 100 = 1 \cdot x$　∴　$x = 10$ (mL)

7　酢酸は弱酸であり，水酸化ナトリウムは強塩である。したがって中和点は塩基性 (pH > 7) である。そのため，酸性側で変色する指示薬は用いられない。メチルオレンジ，メチルレッド

● 第5章　定性分析 ●

1　溶液に溶けずに残った固形分。結晶と同じ意味である。

2　ろ過あるいは遠心分離。

3　特定の金属イオンと反応して沈殿を作る試薬。

4　第2属の場合には塩酸酸性であり，第4属の場合にはアンモニア性塩基性である。

5　アルミニウムイオン，第3属

6　コバルトイオン，第4属

7　以前の操作で加えたアンモニアを除くため。

第 III 部　化学分析

● 第6章　重量分析 ●

1　　$AgCl\,(s) \rightleftharpoons Ag^+ + Cl^-$

　　　　$K_{sp} = [Ag^+][Cl^-]$

　　$Ag_2CrO_4\,(s) \rightleftharpoons 2\,Ag^+ + CrO_4^{2-}$

　　　　$K_{sp} = [Ag^+]^2[CrO_4^{2-}]$

2　塩化銀 AgCl：

　　$[Ag^+] = [Cl^-]$ より　$[Ag^+] = [Cl^-] = \sqrt{K_{sp}} = 1.3 \times 10^{-5}$ (mol/L)

　　これより塩化銀 AgCl のモル溶解度は 1.3×10^{-5} (mol/L) である。

　　クロム酸銀 Ag_2CrO_4：

$[Ag^+] = 2[CrO_4^{2-}]$ より $K_{sp} = (2[CrO_4^{2-}])^2[CrO_4^{2-}] = 4[CrO_4^{2-}]^3$

$$\therefore [CrO_4^{2-}] = \sqrt[3]{\frac{K_{sp}}{4}} = 7.8 \times 10^{-5} \text{ (mol/L)}$$

これよりクロム酸銀 Ag_2CrO_4 のモル溶解度は 7.8×10^{-5} (mol/L) である。

3 $TlCl\,(s) \rightleftharpoons Tl^+ + Cl^-$

$K_{sp} = [Tl^+][Cl^-]$

TlCl の沈殿が起こり始めるときの塩化物イオン濃度は

$$[Cl^-] = \frac{K_{sp}}{[Tl^+]} = \frac{3.5 \times 10^{-4}}{1.0 \times 10^{-3}} = 0.35 \text{ (mol/L)}$$

$PbCl_2\,(s) \rightleftharpoons Pb^{2+} + 2Cl^-$

$K_{sp} = [Pb^{2+}][Cl^-]^2$

$PbCl_2$ の沈殿が起こり始めるときの塩化物イオン濃度は

$$[Cl^-] = \sqrt{\frac{K_{sp}}{[Pb^{2+}]}} = \sqrt{\frac{8.3 \times 10^{-5}}{2.0 \times 10^{-3}}} = 0.20 \text{ (mol/L)}$$

$AgCl\,(s) \rightleftharpoons Ag^+ + Cl^-$

$K_{sp} = [Ag^+][Cl^-]$

AgCl の沈殿が起こり始めるときの塩化物イオン濃度は

$$[Cl^-] = \frac{K_{sp}}{[Ag^+]} = \frac{1.8 \times 10^{-10}}{3.0 \times 10^{-3}} = 6.0 \times 10^{-8} \text{ (mol/L)}$$

これらより，沈殿が起こる順番は $AgCl \to PbCl_2 \to TlCl$ である。

4 $CaSO_4\,(s) \rightleftharpoons Ca^{2+} + SO_4^{2-}$

$K_{sp} = [Ca^{2+}][SO_4^{2-}]$

$BaSO_4\,(s) \rightleftharpoons Ba^{2+} + SO_4^{2-}$

$K_{sp} = [Ba^{2+}][SO_4^{2-}]$

$CaSO_4$ および $BaSO_4$ の沈殿が起こり始めるときの塩化物イオン濃度は

$$[SO_4^{2-}] = \frac{K_{sp}}{[Ca^{2+}]} = \frac{2.4 \times 10^{-5}}{1.0 \times 10^{-3}} = 0.024 \text{ (mol/L)}$$

$$[SO_4^{2-}] = \frac{K_{sp}}{[Ba^{2+}]} = \frac{1.0 \times 10^{-10}}{5.0 \times 10^{-3}} = 2.0 \times 10^{-8} \text{ (mol/L)}$$

これより，最初に沈殿を生じるのはバリウムイオンである。

二番目のイオンであるカルシウムイオンの沈殿が生じるとき，溶液中に残っているバリウムイオンの濃度は

$$[Ba^{2+}] = \frac{K_{sp}}{[SO_4^{2-}]} = \frac{1.0 \times 10^{-10}}{0.024} = 4.2 \times 10^{-9} \text{ (mol/L)}$$

5 ほぼ定量的に沈殿が生成したと考えて，沈殿 AgCl の物質量は

$$\frac{0.6437}{107.9 + 35.5} = 4.5 \times 10^{-3} \text{ (mol)}$$

これが 100 mL に溶解していたので，もとの塩化バリウム溶液の濃度は

$$\frac{4.5 \times 10^{-3}}{100 \times 10^{-3}} = 4.5 \times 10^{-2} \,(\text{mol/L})$$

ほぼ定量的に沈殿が生成すると考えて，沈殿 $BaSO_4$ の質量は，

$$4.5 \times 10^{-3} \times (137.3 + 32.1 + 4 \times 16.0) = 1.05 \,(\text{g})$$

6 実際に滴定に使用された硝酸銀溶液の量は $(12.45 - 0.15) = 12.30 \,(\text{mL})$

これより，そこに含まれる銀イオンの物質量は

$$0.500 \times 12.30 \times 10^{-3} = 6.15 \times 10^{-3} \,(\text{mol})$$

もとの塩化ナトリウム溶液の濃度は

$$\frac{6.15 \times 10^{-3}}{25.00 \times 10^{-3}} = 0.246 \,(\text{mol/L})$$

塩化銀とクロム酸銀のモル溶解度の差が小さく，添加するクロム酸カリウムの量によっては滴定量（定量値）に誤差が生じやすいためにできるだけ同条件での空実験が必要である。

● 第 7 章　酸 化 還 元 分 析 ●

1 　a) $+3$　　b) -2　　c) 0　　d) 0

2 　a) S の酸化数を X とすると　$1 \times 2 + X + (-2) \times 4 = 0$　∴ $X = +6$

　　b) C の酸化数を X とすると　$X + 1 \times 3 + (-1) = 0$　∴ $X = -2$

3 　a) CH_4 の C の酸化数 $= -4$，CO_2 の C の酸化数 $= +4$　∴ 酸化された

　　b) Fe_2O_3 の Fe の酸化数 $= +3$，Fe の Fe の酸化数 $= 0$　∴ 還元された

4 　Fe_2O_3 は Al に酸素を与えている。∴ 酸化剤：Fe_2O_3，還元剤：Al

5 　硫酸からは H^+，SO_4^{2-} が生じ，硫酸銅からは Cu^{2+}，SO_4^{2-} が生じる。これらの中で最も電子と反応しやすいものはイオン化傾向の最も小さい Cu^{2+} である。したがって Cu^{2+} が還元されて Cu（金属銅）となって析出する。

6 　濃度未知試料の濃度を x とすると，$100 x = 10 \times 1$　∴ $x = 0.1 \,(\text{mol/L})$

● 第 8 章　錯 体 生 成 分 析 ●

1 　正四面体 4 配位構造をとるニッケル（Ⅱ）錯体

　　　$[NiCl_4]^{2-}$：テトラクロロニッケル（Ⅱ）イオン

　　平面 4 配位構造をとるニッケル（Ⅱ）錯体

　　　$[Ni(acacen)]$：[ビス（アセチルアセトン）エチレンジアミナト]ニッケル（Ⅱ）

　　　$[Ni(Hdmg)_2]$：[ビス（ジメチルグリオキシマト）ニッケル（Ⅱ）]

[Ni(acacen)]　　　　　[Ni(Hdmg)₂]

正四面体 4 配位構造をとるニッケル（Ⅱ）錯体の電子配置

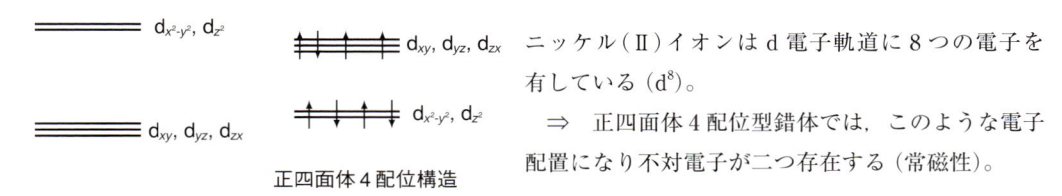

$\underline{\quad}\ \underline{\quad}\ \underline{\quad}$ $d_{x^2-y^2}, d_{z^2}$ $\underline{\uparrow\downarrow}\ \underline{\uparrow\downarrow}\ \underline{\uparrow\downarrow}$ d_{xy}, d_{yz}, d_{zx} ニッケル（Ⅱ）イオンは d 電子軌道に 8 つの電子を有している（d^8）。

$\underline{\uparrow\downarrow}\ \underline{\uparrow}\ \underline{\uparrow}$ d_{xy}, d_{yz}, d_{zx} $\underline{\uparrow\downarrow}\ \underline{\uparrow\downarrow}$ $d_{x^2-y^2}, d_{z^2}$ ⇒ 正四面体 4 配位型錯体では，このような電子配置になり不対電子が二つ存在する（常磁性）。

正四面体 4 配位構造

平面 4 配位構造をとるニッケル（Ⅱ）錯体

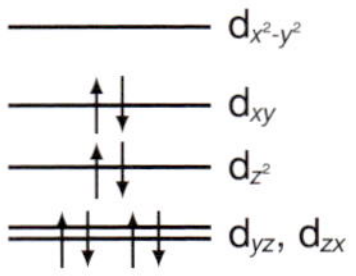

$\underline{\quad}$ $d_{x^2-y^2}$
$\underline{\uparrow\downarrow}$ d_{xy}
$\underline{\uparrow\downarrow}$ d_{z^2}
$\underline{\uparrow\downarrow}\ \underline{\uparrow\downarrow}$ d_{yz}, d_{zx}

ニッケル（Ⅱ）イオンは d 電子軌道に 8 つの電子を有している（d^8）。
⇒ 平面 4 配位型錯体では，このような電子配置になり電子はすべて対になっている（反磁性）。

2

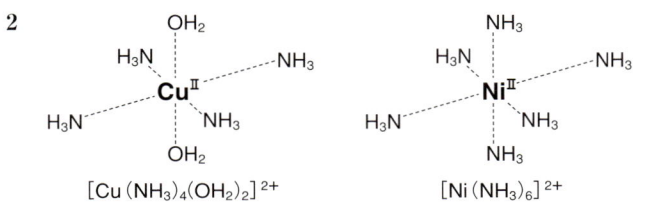

$[Cu(NH_3)_4(OH_2)_2]^{2+}$ $[Ni(NH_3)_6]^{2+}$

3 テトラアンミンジアクア銅（Ⅱ）イオン

$$[Cu(OH_2)_6]^{2+} + NH_3 \underset{}{\overset{K_1}{\rightleftarrows}} [Cu(NH_3)(OH_2)_5]^{2+}$$

$$K_1 = \frac{[Cu(NH_3)(OH_2)_5^{2+}]}{[Cu(OH_2)_6^{2+}][NH_3]}$$

$$[Cu(NH_3)(OH_2)_5]^{2+} + NH_3 \underset{}{\overset{K_2}{\rightleftarrows}} [Cu(NH_3)_2(OH_2)_4]^{2+}$$

$$K_2 = \frac{[Cu(NH_3)_2(OH_2)_4^{2+}]}{[Cu(NH_3)(OH_2)_5^{2+}][NH_3]}$$

$$[Cu(NH_3)_2(OH_2)_4]^{2+} + NH_3 \underset{}{\overset{K_3}{\rightleftarrows}} [Cu(NH_3)_3(OH_2)_3]^{2+}$$

$$K_3 = \frac{[Cu(NH_3)_3(OH_2)_3^{2+}]}{[Cu(NH_3)_2(OH_2)_4^{2+}][NH_3]}$$

$$[Cu(NH_3)_3(OH_2)_3]^{2+} + NH_3 \underset{}{\overset{K_4}{\rightleftarrows}} [Cu(NH_3)_4(OH_2)_2]^{2+}$$

$$K_4 = \frac{[Cu(NH_3)_4(OH_2)_2^{2+}]}{[Cu(NH_3)_3(OH_2)_3^{2+}][NH_3]}$$

ヘキサアンミンニッケル（Ⅱ）イオン

$$[Ni(OH_2)_6]^{2+} + NH_3 \underset{}{\overset{K_1}{\rightleftarrows}} [Ni(NH_3)(OH_2)_5]^{2+}$$

$$K_1 = \frac{[Ni(NH_3)(OH_2)_5^{2+}]}{[Ni(OH_2)_6^{2+}][NH_3]}$$

$$[\text{Ni}(\text{NH}_3)(\text{OH}_2)_5]^{2+} + \text{NH}_3 \xrightleftharpoons{K_2} [\text{Ni}(\text{NH}_3)_2(\text{OH}_2)_4]^{2+}$$

$$K_2 = \frac{[\text{Ni}(\text{NH}_3)_2(\text{OH}_2)_4{}^{2+}]}{[\text{Ni}(\text{NH}_3)(\text{OH}_2)_5{}^{2+}][\text{NH}_3]}$$

$$[\text{Ni}(\text{NH}_3)_2(\text{OH}_2)_4]^{2+} + \text{NH}_3 \xrightleftharpoons{K_3} [\text{Ni}(\text{NH}_3)_3(\text{OH}_2)_3]^{2+}$$

$$K_3 = \frac{[\text{Ni}(\text{NH}_3)_3(\text{OH}_2)_3{}^{2+}]}{[\text{Ni}(\text{NH}_3)_2(\text{OH}_2)_4{}^{2+}][\text{NH}_3]}$$

$$[\text{Ni}(\text{NH}_3)_3(\text{OH}_2)_3]^{2+} + \text{NH}_3 \xrightleftharpoons{K_4} [\text{Ni}(\text{NH}_3)_4(\text{OH}_2)_2]^{2+}$$

$$K_4 = \frac{[\text{Ni}(\text{NH}_3)_4(\text{OH}_2)_2{}^{2+}]}{[\text{Ni}(\text{NH}_3)_3(\text{OH}_2)_3{}^{2+}][\text{NH}_3]}$$

$$[\text{Ni}(\text{NH}_3)_4(\text{OH}_2)_2]^{2+} + \text{NH}_3 \xrightleftharpoons{K_5} [\text{Ni}(\text{NH}_3)_5(\text{OH}_2)]^{2+}$$

$$K_5 = \frac{[\text{Ni}(\text{NH}_3)_5(\text{OH}_2)^{2+}]}{[\text{Ni}(\text{NH}_3)_4(\text{OH}_2)_2{}^{2+}][\text{NH}_3]}$$

$$[\text{Ni}(\text{NH}_3)_5(\text{OH}_2)]^{2+} + \text{NH}_3 \xrightleftharpoons{K_6} [\text{Ni}(\text{NH}_3)_6]^{2+}$$

$$K_6 = \frac{[\text{Ni}(\text{NH}_3)_6{}^{2+}]}{[\text{Ni}(\text{NH}_3)_5(\text{OH}_2)^{2+}][\text{NH}_3]}$$

4 テトラアンミンジアクア銅(II)イオン

$$[\text{Cu}(\text{OH}_2)_6]^{2+} + 4\text{NH}_3 \xrightleftharpoons{\beta_4} [\text{Cu}(\text{NH}_3)_4(\text{OH}_2)_2]^{2+}$$

$$\beta_4 = \frac{[\text{Cu}(\text{NH}_3)_4(\text{OH}_2)_2{}^{2+}]}{[\text{Cu}(\text{OH}_2)_6{}^{2+}][\text{NH}_3]^4}$$

$$\beta_4 = K_1 \cdot K_2 \cdot K_3 \cdot K_4$$

ヘキサアンミンニッケル(II)イオン

$$[\text{Ni}(\text{OH}_2)_6]^{2+} + 6\text{NH}_3 \xrightleftharpoons{\beta_6} [\text{Ni}(\text{NH}_3)_6]^{2+}$$

$$\beta_6 = \frac{[\text{Ni}(\text{NH}_3)_6{}^{2+}]}{[\text{Ni}(\text{OH}_2)_6{}^{2+}][\text{NH}_3]^6}$$

$$\beta_6 = K_1 \cdot K_2 \cdot K_3 \cdot K_4 \cdot K_5 \cdot K_6$$

5

[Cu(en)$_2$]$^{2+}$
平面4配位構造

[Ni(en)$_3$]$^{2+}$
正八面体6配位構造

6

[Ca(edta)]$^{2-}$：八面体6配位構造

7 pH 10 のときは，カルシウムイオンとマグネシウムイオンの総量が定量される。

$$[\text{Ca}^{2+}] + [\text{Mg}^{2+}] = \frac{0.01 \times 14.25 \times 10^{-3}}{25 \times 10^{-3}} = 5.7 \times 10^{-3} \text{ (mol/L)}$$

pH 13 のときは，カルシウムイオンのみが定量される。

$$[\text{Ca}^{2+}] = \frac{0.01 \times 8.55 \times 10^{-3}}{25 \times 10^{-3}} = 3.4 \times 10^{-3} \text{ (mol/L)}$$

これより，$[\text{Mg}^{2+}] = 5.7 \times 10^{-3} - 3.4 \times 10^{-3} = 2.3 \times 10^{-3}$(mol/L)

8

条件　(1) カルシウムイオンと比較的安定な錯体を形成するが，その安定度は EDTA のそれよりは低いこと。
　　　(2) キレート滴定の行われる pH 領域において，カルシウムイオンと反応して鋭敏に発色し，遊離のときとのコントラストが強いこと。
　　　(3) これら一連の反応が迅速であること。
　　　(4) 指示薬自身とともにカルシウムイオンと生成する錯体が，水によく溶けること。

9 硬い酸の例：ナトリウムイオンなどのアルカリ金属イオン，マグネシウムイオンなどアルカリ土類金属イオン

柔らかい酸の例：水銀(Ⅰ)イオンや銀(Ⅰ)イオンなどの重く低原子価の金属イオン

硬い塩基の例：F，O，N のような供与原子を有するイオンまたは分子。フッ化物イオンや過塩素酸イオンなど

柔らかい塩基の例：I，S，P のような供与原子を有するイオンまたは分子。ヨウ化物イオンやチオフェンなど

酸がより硬くなるためには，イオン半径がより小さく，イオンの価数が大きい金属イオンを選択すればよい。

塩基がより硬くなるためには，サイズがより小さく，より電気陰性度が高く分極しにくい基を有する配位子を選択すればよい。

第 9 章　電気化学分析

1. 陰極　$Cu \longrightarrow Cu^{2+} + 2e^-$　　　陽極　$Cu^{2+} + 2e^- \longrightarrow Cu$
2. ネルンストの式により，$0.05916 (\log 100 - \log 10) = 0.05916$ (V) 低くなる。
3. 参照電極内の H^+ 濃度を基準にして濃淡電池の原理で試料溶液内の H^+ 濃度を測定する。
4. 滴定進行に伴って H^+ 濃度が変化するのでその変化によって当量点を知ることができる。
5. 正極が水銀の滴下電極のため，水銀滴の成長によって電流量が断続的に変化するため。
6. ポーラログラフィーにおいて残余電流と限界電流の差である拡散電流の半分の電流を流すときの電位。
7. 可逆反応：$A \rightleftharpoons B$ のように反応が正，逆どちらにも進行できるもの。

   不可逆反応：$A \longrightarrow B$ のように反応が一方向にしか進行しないもの。
8. 酸化電位：$A \longrightarrow A^+ + e^-$ のように酸化反応が起こり電流が流れる際，最大電流を与える電位。

   還元電位：$A + e^- \longrightarrow A^-$ のように還元反応が起こり電流が流れる際，最大電流を与える電位。

第 IV 部　機器分析と分離操作

第 10 章　UV・IR スペクトル

1. 紫外線 ＞ 可視光線 ＞ 赤外線
2. 吸収前：基底状態　　吸収後：励起状態
3. 電子エネルギー準位
4. 吸収波長
5. 炭素 10 個からなる共役系
6. 0.002 mol/L
7. 3600 cm^{-1} に吸収ピークを持つ置換基：$-OH$，$>NH$

   1700 cm^{-1} に吸収ピークを持つ置換基：$>C=N-$，$C=O$

   したがって存在する可能性のある置換基：$-OH$，$>NH$，$>C=N-$，$>C=O$，$-C{\lessgtr}{\genfrac{}{}{0pt}{}{O}{OH}}$

8.

● 第11章　マススペクトル・NMR スペクトル ●

1 分子式 $C_{10}H_8$ であるから分子量は 128 になる．したがって $m/z = 128$ である．

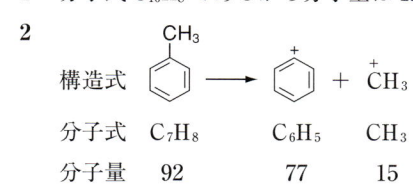

2

構造式　　CH₃-C₆H₅ ⟶ C₆H₅⁺ ＋ CH₃⁺

分子式　　C_7H_8　　　C_6H_5　　CH_3

分子量　　92　　　　　77　　　　15

3 C_6H_6 ＋ H^+ ⟶ $(C_6H_7)^+$　となるので $m/z = 79$ である．
分子量 ＝ 79

4 測定可能分子量が最も大きい ESIMS が最適と思われる．

5 分子式 C_2H_6O の異性体にはエタノール CH_3-CH_2-OH とジメチルエーテル CH_3-O-CH_3 がある．このうち，ただ1種類のプロトンしか持っていないのはジメチルエーテルである．

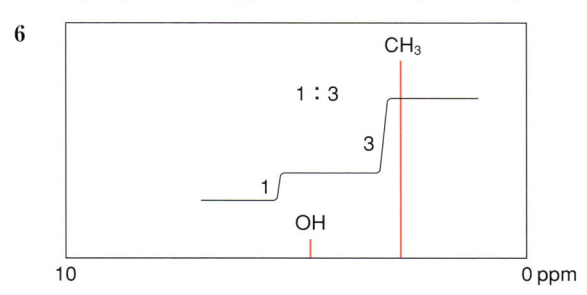

6

7 H_B が 2 個あるので H_A は $2+1=3$ 本に分裂し，H_B は 2 本に分裂する．

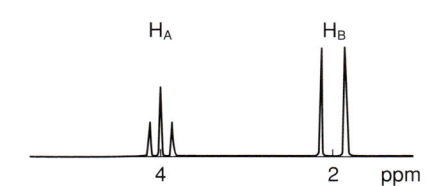

8 1.3 ppm 3 H 分：CH_3, 2.7 ppm 2 H 分：CH_2, 7.3 ppm 5 H 分：ベンゼン環水素

● 第12章　蒸留・抽出・再結晶 ●

1 液体が間欠的に激しく沸騰する．このとき高熱の液体が容器からとび出すことがあり，危険である．

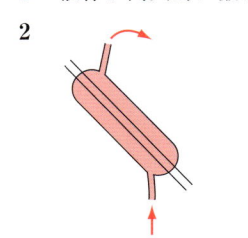

2

正しい接続法
冷却管の中に水がたまる

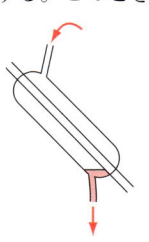

間違った接続法
冷却管の中に水がたまらない

3 最初から最後まで組成 c の液体として蒸留されてくる．

4 図 12・4 から，69℃ に加熱すればよいことがわかる．

5 有機溶液に水を加えて混合した後、放置分離し、水層を除けばよい。水溶性の不純物は水層と共に除かれる。

6 有機溶液に酸性水を加え、混合した後、放置分離して水層を除けばよい。塩基性の不純物Bは水層に溶けて除かれる。

7 温度差による溶解度の差を利用するため。

8 温度が低下したこと、溶媒量が減少したことの二つの理由によって大量の結晶が析出する。しかし、同時に不純物の溶解度も落ちるので、析出した結晶の純度は落ちる可能性がある。

● 第13章　クロマトグラフィー ●

1 試料が展開溶媒に溶け出し、分離が困難になる。

2 油性インクの成分は油溶性であり、水溶性ではないので水は展開溶媒として用いられない。

3 Bの方が後で落ちてくるので、Bの方が吸着力が大きい。

4 試料が吸着する層を薄くし、分離を良くするため。

5 熱に弱い試料は変質したり、分解する可能性がある。

6 分子量の順（カッコ内は分子量）は

　　ベンゼン (78) ＜ トルエン (92) ＜ キシレン (106) ＜ トリメチルベンゼン (120) ＜ ナフタレン (128)

であり、保持時間の順と一致している。

7 吸着物質には多くの種があるので、それによって吸着時間の長短、および試料ごとの流出順序は大きく変わる。いろいろのカラムを用い、最良の分離条件を見つけることが大切である。

8 検出方法として熱伝導を選択し、分離された各成分試料を入手することが必要である。その試料を常道に従って機器分析し、構造決定を行えばよい。

9 通常のGCでは混合試料を成分に分離するだけであり、成分の構造に関する情報は何も与えないといってよい。構造既知の標準試料保持時間が等しければ、標準試料と同じ物質である可能性はあるが、確定的なものではない。それに対してGC-MSではMSのデータがついてくるので、それを元にかなりの正確さで構造を決定することができる。

索　引

ア

アービング-ウィリアムス
　系列　75
R_f 値　121
IR スペクトル　98
α-ニトロソ-β-ナフトール
　53
アルミノン試薬　53
アレニウスの定義　31
安定度定数　76

イ

ESIMS　105
EDTA　79
イオン化傾向　68
イオン積（水の）　35
イオン強度　26

エ，オ

HSAB 則　34, 74
液相線　113
液体クロマトグラフィー
　122
NMR スペクトル　106
エネルギー準位　94
FABMS　105
エレクトロスプレーイオン化
　マススペクトル　105
塩基解離定数　36
塩基性　36
塩基性塩　41
オルト（o-）フェナントロリン
　70

カ

回転エネルギー準位　94

外部磁場　107
化学イオン化マススペクトル
　105
化学シフト　106, 107
可逆反応　21, 90
拡散電流　90
核磁気共鳴スペクトル　106
核スピン　107
可視光　93
価数　41
ガスクロマトグラフィー
　123
活動度　23
活量　23
活量係数　27
カラムクロマトグラフィー
　121
還元　64
還元剤　66
還元電位　90
緩衝液　44

キ

基準ピーク　104
気相線　113
基底状態　95
起電力　69
吸光度　97
吸収極大　97
吸収極大波長　97
吸収スペクトル　95
吸着　121
吸熱過程　16
強塩基　34
強酸　34
共通イオン効果　58
強電解質　26

共沸混合物　114
共役塩基　33
共役酸　33
キレート　77
キレート効果　78
キレート滴定法　82
金属指示薬　81

ク，ケ

クロマトグラフィー　22, 119
限界電流　90
原子吸光分析　96
検量線　96

コ

高速液体クロマトグラフィー
　122
高速原子衝撃イオン化マス
　スペクトル　105
高分解能マススペクトル
　104
コニカルビーカー　43

サ

サイクリックボルタン
　メトリー　90
再結晶　116
錯体　73
錯体生成平衡　22, 75
酸塩基解離平衡　22
酸解離定数　35
酸化　64
酸化剤　66
酸化数　65
酸化還元滴定　70
酸化電位　91
酸性　36

酸性塩　41

シ

CIMS　105
GC マス　125
紫外－可視吸収スペクトル　97
紫外線　93
指示薬　46
質量スペクトル　102
質量パーセント濃度　13
質量モル濃度　13
指紋領域　99
弱塩基　34
弱酸　34
弱電解質　26
重量分析（法）　22, 55
昇華　117
条件生成定数　77
蒸留　111
蒸留装置　111
振動エネルギー準位　94

ス

水素イオン指数　36
水素結合　15
水素電極　69
水平化効果　38
水和　15

セ

正塩　41
赤外線　94
赤外線吸収スペクトル　98
積分線　109
遷移　95
全平衡反応　76

タ

第1属　51
第2属　51, 52
第3属　51, 52
第4属　51, 53
第5属　51, 53
第6属　51, 54
多座配位子　77
ダニエル電池　68
単座配位子　77

チ

逐次平衡反応　76
抽出　115
中和　40
中和滴定　43, 87
沈殿滴定法　61
沈殿法（定性分析における）　50
沈殿法（定量分析における）　56

テ

定性反応　49
滴下電極　89
滴定　42
デバイ-ヒュッケル理論　27
電位差滴定　87
電位差分析　85
電解質　26
展開溶媒　121
電子エネルギー準位　94
電子密度　107
電池　68

ト

透過率　97
当量点　44, 46
特性吸収帯　99

ネ, ノ

ネルンストの式　70, 86

濃淡電池　85

ハ

配位結合　74
配位子　73
ハイマス　104
波数　99
発熱過程　16
半電池　69
反応速度　23
半波電位　89

ヒ

pH メーター　88
光吸収　94
光のエネルギー　93
非電解質　26
ビュレット　43
標準電極電位　69

フ

ファンデルワールス力　15
フェノールフタレイン　46
フォルハルト法　62
不可逆反応　90
沸騰石　111
フラグメントイオン　103
ブレンステッド-ローリーの定義　32
プロトン　106
ブロモチモールブルー　46
分液ロート　115
分子イオンピーク　103
分属試薬　49
分留　113
分裂（シグナルの）　108

ヘ

平衡移動の原理　25
平衡定数　22

平衡反応　22
ペーパークロマトグラフィー　120
ヘンリーの法則　19

ホ

飽和（水）溶液　17
ポーラログラフィー　89
ホールピペット　43
ポテンシオメトリー　88
ボルタンメトリー　88

マ，ミ

マスキング剤　83
マススペクトル　102
水のイオン積　35

メ

メチルオレンジ　46
メチルレッド　46

モ

モール法　61
モル吸光係数 ε　97
モル濃度　13
モル分率　13
モル溶解度　57

ユ，ヨ

UVスペクトル　97
溶液　11
溶解度　16, 18
溶解度積　18, 57
溶解熱　16
溶解平衡　22, 57
溶質　12
溶媒　12
溶媒抽出　115
溶媒和　15
容量分析（法）　22, 42

ラ　行

ラマンスペクトル　100
ランベルト-ベールの式　98
リトマス　46
ルイスの定義　33
励起状態　95
ロータリーエバポレーター　116

著者略歴

齋藤　勝裕（さいとう　かつひろ）

1945 年　新潟県生まれ
1969 年　東北大学理学部卒業
1974 年　東北大学大学院理学研究科博士課程修了
名古屋工業大学工学部講師，同大学大学院工学研究科教授等を経て
現在　名古屋工業大学名誉教授　理学博士
専門分野：有機化学，物理化学，超分子化学

藤原　学（ふじわら　まなぶ）

1958 年　兵庫県生まれ
1981 年　大阪大学工学部卒業
1983 年　大阪大学大学院工学研究科修士課程修了
福岡大学理学部助手等を経て
現在　龍谷大学理工学部教授　工学博士
専門分野：機器分析化学

ステップアップ 大学の分析化学

2008 年 10 月 20 日　第 1 版 発 行
2019 年 3 月 5 日　第 2 版 1 刷発行

検印省略
定価はカバーに表示してあります．

著作者　齋藤勝裕
　　　　藤原　学

発行者　吉野和浩
　　　　東京都千代田区四番町 8-1
　　　　電話　　03-3262-9166（代）
　　　　郵便番号　102-0081

発行所　株式会社　裳　華　房

印刷所　三報社印刷株式会社
製本所　牧製本印刷株式会社

一般社団法人　自然科学書協会会員

JCOPY〈出版者著作権管理機構　委託出版物〉
本書の無断複製は著作権法上での例外を除き禁じられています．複製される場合は，そのつど事前に，出版者著作権管理機構（電話 03-5244-5088，FAX 03-5244-5089, e-mail: info@jcopy.or.jp）の許諾を得てください．

ISBN 978-4-7853-3076-7

Ⓒ齋藤勝裕，藤原　学，2008　　Printed in Japan

スタンダード 分析化学

角田欣一・梅村知也・堀田弘樹 共著　B5判／298頁／定価（本体3200円＋税）

基礎分析化学と機器分析法をバランスよく配した教科書．
【主要目次】　Ⅰ　**分析化学の基礎**　1．分析化学序論　2．単位と濃度　3．分析値の取扱いとその信頼性　Ⅱ　**化学平衡と化学分析**　4．水溶液の化学平衡　5．酸塩基平衡　6．酸塩基滴定　7．錯生成平衡とキレート滴定　8．酸化還元平衡と酸化還元滴定　9．沈殿平衡とその応用　10．分離と濃縮　Ⅲ　**機器分析法**　11．機器分析概論　12．光と物質の相互作用　13．原子スペクトル分析法　14．分子スペクトル分析法　15．X線分析法と電子分光法　16．磁気共鳴分光法　17．質量分析法　18．電気化学分析法　19．クロマトグラフィーと電気泳動法

テキストブック 有機スペクトル解析
－1D, 2D NMR・IR・UV・MS－

楠見武徳 著　B5判／228頁／定価（本体3200円＋税）

ていねいな解説と豊富な演習問題で，最新の有機スペクトル解析を学ぶうえで最適な教科書・参考書．
【主要目次】1．^{1}H核磁気共鳴（NMR）スペクトル　2．^{13}C核磁気共鳴（NMR）スペクトル　3．赤外線（IR）スペクトル　4．紫外・可視（UV-VIS）吸収スペクトル　5．マススペクトル（Mass Spectrum：MS）　6．総合問題

環境分析化学

中村栄子・酒井忠雄・本水昌二・手嶋紀雄 共著
B5判／224頁／定価（本体3000円＋税）

【主要目次】1．環境分析のための公定法　2．化学平衡の原理　3．機器測定法の原理　4．水試料採取と保存　5．酸・塩基反応を利用する環境分析　6．沈殿反応を利用する環境分析　7．酸化還元反応を利用する環境分析　8．錯生成反応を利用する環境分析　9．分配平衡を利用する環境分析　10．電気伝導度測定法による水質推定　11．吸光光度法を用いる環境分析　12．蛍光光度法による環境分析　13．原子吸光光度法による環境分析　14．発光分析法による環境分析　15．高周波誘導結合プラズマ（ICP）-質量分析法（MS）　16．高速液体クロマトグラフ法による環境分析　17．イオンクロマトグラフ法（IC）による環境分析

実戦ナノテクノロジー 走査プローブ顕微鏡と局所分光

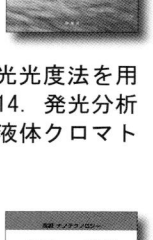

重川秀実・吉村雅満・坂田　亮・河津　璋 共編
A5判／444頁／定価（本体6000円＋税）

基礎原理をはじめ，現在も工夫改良され発展し続けている各種手法まで，最前線で活躍する執筆陣が問題解決へのアイデアを含め解説．
【主要目次】1．はじめに　2．プローブ顕微鏡と局所分光の基礎　3．電子分光　4．力学的分光　5．光学的分光　6．発展的応用分光　7．局所分光の実践例

化学サポートシリーズ
原理からとらえる 電気化学

石原顕光・太田健一郎 共著　A5判／152頁／定価（本体2400円＋税）

化学の基礎を学んだ大学生や，他分野で電気化学の知識を必要とする技術者・研究者のための参考書．多数のユニークな図とていねいな解説，深い議論により，電気化学をその原理からとらえ直し，より深く理解することができる．
【主要目次】1．電気化学システム　2．平衡論　3．速度論　4．電気化学システムの特性

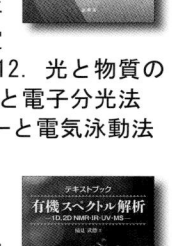

元素の周期表

原子番号 ─ 1H ─ 元素記号
元素名 ─ 水素
　　　　1.008 ─ 原子量（有効数字4ケタで表示）

遷移元素をアミかけで示す。

周期\族	1	2	3	4	5	6	7	8	9	10	11	12	13	14	15	16	17	18
1	1H 水素 1.008																	2He ヘリウム 4.003
2	3Li リチウム 6.941	4Be ベリリウム 9.012											5B ホウ素 10.81	6C 炭素 12.01	7N 窒素 14.01	8O 酸素 16.00	9F フッ素 19.00	10Ne ネオン 20.18
3	11Na ナトリウム 22.99	12Mg マグネシウム 24.31											13Al アルミニウム 26.98	14Si ケイ素 28.09	15P リン 30.97	16S 硫黄 32.07	17Cl 塩素 35.45	18Ar アルゴン 39.95
4	19K カリウム 39.10	20Ca カルシウム 40.08	21Sc スカンジウム 44.96	22Ti チタン 47.87	23V バナジウム 50.94	24Cr クロム 52.00	25Mn マンガン 54.94	26Fe 鉄 55.85	27Co コバルト 58.93	28Ni ニッケル 58.69	29Cu 銅 63.55	30Zn 亜鉛 65.38	31Ga ガリウム 69.72	32Ge ゲルマニウム 72.64	33As ヒ素 74.92	34Se セレン 78.96	35Br 臭素 79.90	36Kr クリプトン 83.80
5	37Rb ルビジウム 85.47	38Sr ストロンチウム 87.62	39Y イットリウム 88.91	40Zr ジルコニウム 91.22	41Nb ニオブ 92.91	42Mo モリブデン 95.96	43Tc テクネチウム (99)	44Ru ルテニウム 101.1	45Rh ロジウム 102.9	46Pd パラジウム 106.4	47Ag 銀 107.9	48Cd カドミウム 112.4	49In インジウム 114.8	50Sn スズ 118.7	51Sb アンチモン 121.8	52Te テルル 127.6	53I ヨウ素 126.9	54Xe キセノン 131.3
6	55Cs セシウム 132.9	56Ba バリウム 137.3	* ランタノイド 57～71	72Hf ハフニウム 178.5	73Ta タンタル 180.9	74W タングステン 183.8	75Re レニウム 186.2	76Os オスミウム 190.2	77Ir イリジウム 192.2	78Pt 白金 195.1	79Au 金 197.0	80Hg 水銀 200.6	81Tl タリウム 204.4	82Pb 鉛 207.2	83Bi ビスマス 209.0	84Po ポロニウム (210)	85At アスタチン (210)	86Rn ラドン (222)
7	87Fr フランシウム (223)	88Ra ラジウム (226)	** アクチノイド 89～103	104Rf ラザホージウム (267)	105Db ドブニウム (268)	106Sg シーボーギウム (271)	107Bh ボーリウム (272)	108Hs ハッシウム (277)	109Mt マイトネリウム (276)	110Ds ダームスタチウム (281)	111Rg レントゲニウム (280)	112Cn コペルニシウム (285)	113Nh ニホニウム (284)	114Fl フレロビウム (289)	115Mc モスコビウム (288)	116Lv リバモリウム (293)	117Ts テネシン (293)	118Og オガネソン (294)
電荷	+1	+2					複雑					+2	+3		-3	-2	-1	
名称	アルカリ金属[†1]	アルカリ土類金属[†2]					遷移元素						ホウ素族	炭素族	窒素族	酸素族	ハロゲン	希ガス元素
	典型元素												典型元素					

*ランタノイド	57La ランタン 138.9	58Ce セリウム 140.1	59Pr プラセオジム 140.9	60Nd ネオジム 144.2	61Pm プロメチウム (145)	62Sm サマリウム 150.4	63Eu ユウロピウム 152.0	64Gd ガドリニウム 157.3	65Tb テルビウム 158.9	66Dy ジスプロシウム 162.5	67Ho ホルミウム 164.9	68Er エルビウム 167.3	69Tm ツリウム 168.9	70Yb イッテルビウム 173.1	71Lu ルテチウム 175.0
**アクチノイド	89Ac アクチニウム (227)	90Th トリウム 232.0	91Pa プロトアクチニウム 231.0	92U ウラン 238.0	93Np ネプツニウム (237)	94Pu プルトニウム (239)	95Am アメリシウム (243)	96Cm キュリウム (247)	97Bk バークリウム (247)	98Cf カリホルニウム (252)	99Es アインスタイニウム (252)	100Fm フェルミウム (257)	101Md メンデレビウム (258)	102No ノーベリウム (259)	103Lr ローレンシウム (262)

安定同位体がなく天然で特定の同位体組成を示さない元素については、その元素の放射性同位体の質量の一例を（ ）内に示す。
[†1] Hを除く。　[†2] Be, Mgを除く。